U0338154

国家自然科学基金项目(51274238、51374235)资助

特殊环境条件下
瓦斯爆炸特性研究

司荣军　李润之　著

中国矿业大学出版社

· 徐州 ·

内 容 提 要

本书主要采用理论分析、实验研究以及数值模拟相结合的方法,针对不同的环境条件对瓦斯爆炸特性的影响开展了系统的研究工作。首先阐述了瓦斯爆炸特性的基础理论,在对特殊环境条件下瓦斯爆炸特性实验技术进行研究的基础上,对环境温度、环境压力、点火能量等单一因素以及多因素耦合条件下的瓦斯爆炸特性开展了实验和数值模拟研究,最后研究了瓦斯煤尘共存条件下的爆炸特性变化规律。本书是作者近年来科学研究成果的结晶,相关成果可为不同条件下瓦斯爆炸事故的预防和控制提供重要的理论依据。

本书可供矿业领域从事瓦斯煤尘爆炸方面的专家、学者及工程技术人员等参考使用。

图书在版编目(CIP)数据

特殊环境条件下瓦斯爆炸特性研究 / 司荣军,李润之著.—徐州 : 中国矿业大学出版社,2020.11
　　ISBN 978-7-5646-4467-3

　　Ⅰ.①特… Ⅱ.①司… ②李… Ⅲ.①瓦斯爆炸—研究 Ⅳ.①TD712

中国版本图书馆 CIP 数据核字(2020)第 219218 号

书　　名	特殊环境条件下瓦斯爆炸特性研究
著　　者	司荣军　李润之
责任编辑	李　敬
出版发行	中国矿业大学出版社有限责任公司
	(江苏省徐州市解放南路　邮编221008)
营销热线	(0516)83884103　83885105
出版服务	(0516)83995789　83884920
网　　址	http://www.cumtp.com　E-mail:cumtpvip@cumtp.com
印　　刷	江苏淮阴新华印务有限公司
开　　本	787 mm×1092 mm　1/16　印张 12　字数 235 千字
版次印次	2020 年 11 月第 1 版　2020 年 11 月第 1 次印刷
定　　价	45.00 元

(图书出现印装质量问题,本社负责调换)

前　言

　　煤矿瓦斯又称煤层瓦斯、煤层气,是从煤和围岩中逸出的甲烷、二氧化碳和氮气等组成的混合气体,其主要成分是甲烷。煤炭开采过程中会释放出大量的瓦斯,一旦发生燃烧或爆炸,就会造成重大人员伤亡和财产损失。为了保障煤矿安全生产,煤炭开采过程中需要抽采和通风(乏风)排放大量的瓦斯。长期以来,抽采的大量低浓度(<30%)瓦斯,因浓度可能处于爆炸极限范围之内,容易引发爆炸事故,不能直接输送和利用,成为一直困扰瓦斯大规模利用的主要因素。

　　实验研究和事故案例分析表明,瓦斯的爆炸极限不是固定不变的,它受到许多因素的影响,如环境压力、环境温度、点火能量、煤尘的参与等。环境条件改变,瓦斯的爆炸特性也会改变。瓦斯浓度若处于爆炸极限范围内,在输送过程中极易发生爆炸事故;低浓度瓦斯的提纯和利用过程,因环境条件多变,会改变瓦斯的爆炸极限,增大瓦斯爆炸危险性。本专著主要针对不同的环境条件对瓦斯爆炸特性的影响开展了系统的研究工作,以期为不同条件下瓦斯爆炸事故的预防和控制提供依据。

　　本专著共分为五章。

　　第一章为瓦斯爆炸特性基础理论,在对国内外瓦斯爆炸特性研究现状进行分析的基础上,阐述了瓦斯爆炸的基本原理、爆炸极限、爆炸特性参数及爆炸特性影响因素,为后续特殊环境条件下瓦斯爆炸特性的研究奠定了基础。

　　第二章为特殊环境条件下瓦斯爆炸特性实验技术。要对特殊环境条件下瓦斯爆炸特性进行实验研究,首先必须掌握特殊环境条件下的气体爆炸特性实验技术。这些技术中包括不同环境条件的实现、爆炸性混合气体的配制、浓度的测定、实验数据的采集等多个方面。通过实验装置和实验方法的研究,丰富了特殊环境条件下(如超低温、环境湿度等单一因素及多环境因素耦合情况)的可燃气体爆炸特性测试方法和技术,解决了特殊环境下可燃气体爆炸特性难以定量测试的难题,为爆炸实验技术的发展及相关测试标准的建立奠定了基础。

　　第三章为特殊环境条件下瓦斯爆炸特性研究,主要对常规条件、不同环境压力、不同环境温度、不同点火能量等条件下的瓦斯爆炸特性进行了实验及模拟研究,分析了单一环境因素对瓦斯爆炸极限、爆炸压力及爆炸压力上升速率等爆炸特性参数的影响规律;第四章为耦合环境条件下瓦斯爆炸特性研究,主要对温度与压力、温度与点火能量、压力与点火能量两两耦合以及压力、温度及点火能量三者耦合作用对瓦斯爆炸极限的影响进行了研究。通过第三章和第四章的研究工作,得出了不同环境温度、压力、湿度、超低温、点火能量等单一因素及多因素耦合条件下瓦斯爆炸特性(特别是爆炸极限)的变化规律,填补了超低温、环境湿度、多因素耦合等条件下瓦斯爆炸特性研究的空白。据此可设定不同工况条件下瓦斯爆炸的安全阈值,建立精准爆炸判据,实现对实际工况下瓦斯爆炸极限的精准辨识,为实际工况条件下的瓦斯爆炸事故预防提供重要的理论依据。

第五章为瓦斯煤尘共存条件下爆炸特性研究。本章在对煤尘爆炸前后微观结构及析出气体成分进行分析的基础上,研究了挥发分对煤尘爆炸特性的影响、瓦斯煤尘共存条件下爆炸极限及爆炸压力特性的变化规律,阐述了瓦斯煤尘共存条件下的爆炸机理,为煤矿瓦斯煤尘共存爆炸事故的预防提供了重要理论依据。

国内外学者的相关研究成果为本书所引用;王磊、黄子超、朱丕凯、孟祥豹以及高娜等同志参与了本专著的研究工作;得到了国家自然科学基金项目(51274238、51374235)的资助……多方因素使得本专著能够出版,较为系统地呈现在读者面前,在此一并表示感谢。

由于时间所限,成书仓促,深知该研究工作还存在大量的不足和缺憾,请各位专家、学者及同人对于不当之处予以斧正。

著 者
2020 年夏于重庆

目　录

第一章　瓦斯爆炸特性基础理论

第一节　瓦斯爆炸特性研究现状

目前，国内外学者对瓦斯爆炸特性展开了大量研究，并得到了丰富的研究成果。本节将从瓦斯爆炸特性理论、实验和数值模拟研究三个方面对这些研究工作进行简单的介绍。

一、瓦斯爆炸特性理论研究

目前，在瓦斯爆炸特性实验研究方面，大都无统一的测定标准以及设立标准的有力依据。我国制定了《空气中可燃气体爆炸极限测试方法》(GB/T 12474—2008)，规定了可燃气体在空气中爆炸极限的测定方法，适用于常压下可燃气体在空气中爆炸极限的测定。国外许多学者都做出了一些气体或粉尘爆炸特性测试系统，并制定了相应实验标准，进行了相应的实验研究，常用的气体爆炸特性测试系统有 Godbert-Greenwald 炉、Hartmanm 管、20 L 球形爆炸容器等。

瓦斯爆炸涉及多元复杂机理，国外学者 Semenov 等先后提出了热爆炸理论[1]和链式反应机理。研究发现，瓦斯爆炸是热爆炸和链式反应机理共同作用的结果，并且在绝大多数情况下，两者是同时存在的。由美国气体研究所(Gas Research Institute)发起，加州伯克利大学等提出了 GIRMech3.0 详细机理，GIRMech3.0 在前两个版本的基础上增加了少量的 C_3 物质的醛类组分的反应，并对一些反应参数进行了完善和扩充，机理由 325 个基元反应和 53 个组分组成。

有些学者运用化学动力学深入研究揭示了甲烷爆炸过程的物理和化学本质特征。事实上，甲烷爆炸的点火过程是由多个基元反应组合而成的支链型链式反应过程。德国的 Seery 和 Bowman[2]在实验研究和理论分析的基础上，给出了一套完整的基元反应方程式和近似反应速率常数，测定出了高温条件下甲烷链式基元反应方程组。目前，甲烷的高温反应动力学理论尚未建立起来，中间产物和关键反应步还需进一步研究。

爆炸特性不是物质的固有性质，往往与环境条件、测试方法和实验设计确立的判据有关。胡耀元等[3]对 H_2、CH_4、CO 多元爆炸性混合气体浓度爆炸极限及其容器影响因素进行了探讨,推出了支链爆炸的充要条件与复相链终止概率的统一表达式。刘向军和陈昊[4]研究了初始压力对瓦斯混合气体最低点燃温度和可燃上限的影响,并根据质量、动量、能量守恒原理,推导建立了考虑初始压力时的爆轰参数计算公式,计算出煤矿巷道不同初始压力下的爆轰参数,分析初始压力对于瓦斯爆轰各个参数的影响。

随着计算机技术在化学领域中的广泛应用,量子化学得到了长足发展,国内一些学者采用量子化学计算方法研究瓦斯爆炸的微观反应机理。西安科技大学罗振敏、邓军等[5-6]利用密度泛函方法 B3LYP/6-31G 分别研究瓦斯气体与单重态氧和三重态氧的反应过程,从热力学和动力学角度分析计算结果,与瓦斯爆炸链式反应机理比较,得出重要中间产物甲醛,并通过分析瓦斯气体分别与三重态氧和单重态氧的反应过程,得到 CH_4 同三重态氧、单重态氧反应的中间产物和最终产物。董刚等[7]提出了一套包含 N 化学反应和 C_2 化学反应的甲烷-空气层流预混火焰的半详细化学动力学机理,该机理由 79 个基元反应和 32 种物质组成,根据研究问题的需要还可进一步简化。

二、瓦斯爆炸特性实验研究

大多数产煤国都对甲烷爆炸进行过实验研究,但主要集中在爆炸传播规律及影响因素的研究上[8],单独针对甲烷爆炸特性的实验研究较少,就甲烷爆炸特性实验研究方面,多数学者运用相关测试系统对甲烷等可燃性气体的爆炸极限及特征参数进行了测定。

有关可燃气体爆炸极限的研究,国外进行得比较早。最早提出测定气体与可燃蒸气的爆炸极限的是美国矿山局的 Coward 和 Jones 在 1956 年发表的《气体和蒸气燃烧范围》的报告,其中介绍了一种测定气体爆炸极限的装置,此装置常被后人作为实验的标准装置使用。1965 年,美国矿山局的 Zabetakis 发表了《可燃性气体及蒸气的可燃特性》一文,指出了 Coward 和 Jones 使用的装置所存在的问题,并设计了采用电火花点火、直径 5 cm、长 125~150 cm 的垂直玻璃管,应用传播法进行常压下气体爆炸极限的测定。之后,日本、苏联等一些国家也在美国矿山局设计的装置的基础上进行改进并制作了一些装置[9],这些装置的共同特点是:爆炸容器为管状,采用电火花点火,能广泛进行气体爆炸极限的测试,但不适用于研究气体的爆炸特性。

F. Norman 等[10]报道了浓度为 10~70 mol% 的富丙烷空气混合物在 8 dm³球形容器中不同压力状态下的自动点火温度和爆炸上限,实验结果表明:当实验压力从常压上升到 15 bar(1 bar = 10^5 Pa,全书同)时,气体自动点火温度从 300 ℃下降到了 250 ℃。D. Razus 等[11]研究了在不同容积的封闭爆炸容器内不同可燃烧气体浓度和不同初始压力的液化石油气体(LPG:70％丙烷和30％丁烷)的爆炸特性参数(最大爆炸压力和最大压力上升速率),研究成果表明:可燃气体存在最佳爆炸浓度,低于或高于该临界浓度,爆炸特性均有一定程度的降低;初始压力的提升能增加爆炸压力的上升速率。M. J. Ajrash Al-Zuraiji 和 S.K.Kundu等[12-13]通过实验研究了煤尘对瓦斯爆炸的影响规律。

其他气体尤其是惰性气体的混入对瓦斯爆炸特性有很大的影响。L. Dupont和A. Accorsi[14]利用 20 L 爆炸容器对合成沼气(组分:50％CH_4、50％CO_2)在不同温度下(30~70 ℃)的爆炸下限 LFL、爆炸上限 UFL、最大爆炸压力 p_{max} 和最大压力上升速率$(dp/dt)_{max}$等参数的变化规律进行测试,并对混合气体内 CO_2 和水蒸气对沼气的惰化效果进行对比分析,结果发现在室温条件下,沼气的爆炸极限范围相对于甲烷的爆炸极限范围(4.8％~16.8％)缩减到了 5.1％~11.4％。

甲烷等可燃气体初始条件的改变对爆炸特性结果有很大影响。D. Razus等[15]通过实验研究了密闭容器中不同初始温度和压力对丙烷爆炸压力的影响,发现爆炸压力在一定程度上与温度和压力呈现相关性。M. J. Ajrash Al-Zuraiji等[16]在大型爆轰管中研究了不同浓度甲烷爆炸的压力上升、滞止压力和火焰特性,这些数据有助于化工厂报警系统和善后系统的开发和设计。M. Mittal[17]设计研究了不同尺寸容积条件下瓦斯爆炸的特性,并为防爆提供了一定的支持。李润之[18]利用 20 L 爆炸特性实验装置从点火能量和初始压力两个方向对瓦斯爆炸特性的影响规律进行了研究,并对两者的耦合效应进行了讨论。刘震翼等[19]通过实验测定了 15~150 ℃ 之间原油蒸气的爆炸极限和临界氧含量,得出了原油蒸气爆炸极限范围随温度升高而变宽、临界氧含量随温度升高而降低的结论,并运用数值分析原理拟合出原油蒸气爆炸极限和临界氧含量各自随温度变化的规律函数。王海燕等[20]通过自主研制的实验系统对高温源和电火花两种诱发方式下的瓦斯爆炸特性进行了研究。卢捷[21]运用 20 L 爆炸实验装置测出了温度在 15~80 ℃、压力在 0.1~0.2 MPa 条件下煤气的爆炸极限和最小点火能,给出了煤气爆炸极限与温度和压力的定量关系;实验过程中,在爆炸室中充入给定温度的可燃气体,充分混合并引爆,实验结果表明:初始温度升高时,可燃气体爆炸下限降低,而爆炸上限升高。

水雾和水蒸气是抑制瓦斯爆炸的两类重要介质形式。李成兵等[22]、余明高等[23]、刘晅亚等[24-25]报道了水雾对可燃气体(瓦斯)爆炸传播规律的影响及其自发光光谱特性的一些规律性结果,并推广到水雾抑爆技术。这类爆炸性物质是气-液两相混合物,机理上涉及更加复杂的液滴破碎、汽化吸热等问题。水蒸气在自然环境中时刻存在,若预混气体中水蒸气处于未饱和状态,则属于典型的纯气相爆炸问题,可以用气体爆炸相关分析方法进行研究。李成兵等[26]通过加热激波管提升环境温度至 353 K,研究了体积分数高达 40% 的水蒸气对瓦斯爆炸传播的抑制情况;谭汝媚等[27]对具有不同环境湿度的环氧丙烷蒸气的爆炸极限浓度、火焰温度、爆炸压力及压力上升速率进行了研究;裴蓓等[28]从超压、火焰传播速度和火焰结构 3 个方面对 CO_2-超细水雾形成的气液两相介质对 9.5% 瓦斯/煤尘复合体系爆炸的抑爆效果、影响因素与原因进行了研究。

李树刚等[29]利用小尺度瓦斯爆炸实验系统得出瓦斯爆炸初期的光学特征,以瓦斯爆炸可见光前沿传播速度达到起始速度的 e^m 倍为瓦斯由燃烧状态过渡到爆炸状态的判据,并通过此方法得出瓦斯燃烧感应期和爆炸感应期与瓦斯浓度近似呈线性关系的结论。傅志远和谭迎新[30]研制了一套 20 L 可燃气体爆炸测试系统,对可燃气体(或蒸气)爆炸特性参数的测定方法进行了研究,给出了几种可燃气体(或蒸气)与空气混合物混合爆炸的爆炸极限和最小点火能数据。

流场的稳定情况同样是影响瓦斯气体爆炸特性的另一重要因素。邓军等[31]利用 20 L 近球形气体爆炸反应装置,测试甲烷在宏观静止和湍流两种不同状态下的爆炸特性参数,该研究表明避免和减少湍流对瓦斯爆炸过程的抑制具有重要作用。谢溢月等[32]利用测试容器内置搅拌转子转速来表征混合气体的湍流强度,并分析了混合气体爆炸极限与其湍流强度的关系。

在煤矿实际生产中瓦斯气体多与煤尘共存,张引合等[33]在 20 L 球形实验装置中,分别用浓度为 1%、2% 和 3% 的瓦斯与煤尘共存进行爆炸特性研究,发现煤尘对瓦斯爆炸下限的影响极为明显。

三、瓦斯爆炸特性数值模拟研究

虽然实验研究得到的数据较为准确,但其耗资较大、时间周期较长、安全性较差、所得信息较少,并受到测试手段的限制,而这些都可以通过数值模拟在一定程度上得到弥补。随着计算机的发展,数值模拟成为研究密闭空间内可燃气体爆炸发展规律的主要手段之一。

计算机技术促进了燃烧理论和数值方法的结合,也应用于快速燃烧爆炸现象研究。对于燃烧过程的计算,Von Karman 于几十年前在流体力学、反应动力学和数理方程的基础上提出了化学流体力学的基本方程组。Spalding 和 Harlow 继承和发展了 Prandtl、Kolmogorov 等人的工作,创立了"湍流模型方法"[34],提出了一系列的湍流输运模型和湍流燃烧模型,在一定条件下完成了湍流燃烧过程控制方程组的封闭。

随着数值模拟软件在国内的推广,越来越多的学者运用数值模拟探索瓦斯等可燃气体的爆炸机理及发展规律。V. Molkov 等[35]采用数值模拟的方法对 78.5 m 长管道内氢气与空气混合气体燃烧过程中的压力、温度、火焰传播过程及火焰燃烧速度等爆炸特性进行了研究。B. Y. Jiang 等[36]建立了断面为 80 mm×80 mm、长度为 100 m 的巷道模型,运用计算流体动力学软件 AutoReaGas 对不同初始压力下爆炸波的峰值压力、燃烧速度等流场规律进行了定量分析,得出了其变化规律。陈林顺[37]则运用 AutoReaGas 软件对煤矿井下独头巷道中的瓦斯爆炸以及室内煤气泄漏后的爆炸特性进行了数值模拟。罗振敏等[38-39]运用 FLACS 对受限空间瓦斯爆炸进行了数值模拟,模拟结果表明瓦斯爆炸燃烧波是以近球面波的形式向四周传播。

吴兵等[40]以实验研究结果为基础,基于激波诱导瓦斯爆炸的 19 步化学反应模型,建立了三维非定常守恒方程,数值模拟了氢氧燃烧驱动点燃甲烷和空气混合气体的爆炸过程,根据爆炸产物以及流场中压力和温度变化的结果,得出了激波诱导瓦斯爆炸的物理机制,将基元化学反应模型与爆炸过程的数学模型进行耦合,提高了数值模拟过程的真实性。

为了获取瓦斯爆炸过程中的反应动力学参数,梁运涛[41]通过修改化学动力学计算软件 CHEMKIN Ⅲ 中的 SENKIN 程序包,采用甲烷燃烧的详细反应机理(包括 16 种组分、41 个反应),对瓦斯爆炸详细反应机理的敏感性进行模拟分析,得出促进瓦斯爆炸的关键反应步为 $CH_3 \cdot + O_2 = CH_3O \cdot + O \cdot$,$CH_4 + HO_2 \cdot = CH_3 \cdot + H_2O_2$;促进 CO 与 CO_2 生成的关键反应步为 $CH_3 \cdot + O_2 = CH_3O \cdot + O \cdot$,$CH_4 + O_2 = CH_3 \cdot + HO_2 \cdot$,$CH_4 + HO_2 \cdot = CH_3 \cdot + H_2O_2$,$H \cdot + O_2 = OH \cdot + O \cdot$,$CH_3 \cdot + HO_2 \cdot = CH_3O \cdot + OH \cdot$。

李艳红等[42]采用 GIRMech3.0 反应机理,对 CHEMKINⅢ软件的 SENKIN 子程序包进行修改,对不同初始压力条件下瓦斯爆炸压力、温度、反应物物质的量分数的变化以及致灾性气体(CO、CO_2、NO、NO_2)的生成及变化趋势做了详细的模拟和分析。严清华[43]从流体力学和化学反应动力学出发,利用 Bakke-Hjergater 燃烧模型,通过改进的 SIMPLE 算法来处理压力-速度耦合过程,编制了计算程序,对于球形密闭容器内可燃气体的爆炸过程进行数值分析,得出了爆炸后压力、速度、组分浓度、温度等流场参数随反应时间、空间变化的规律,并分析了容器容积、燃料种类对爆炸强度的影响。

数值模拟可以综合考虑燃料种类和含量、环境条件、边界条件等因素对爆炸特性结果的影响,弥补了前述方法的不足。但数值模拟有其自身的局限性,在爆炸机理尚未完全搞清楚之前,数学模型很难准确化,这就大大地影响了数值模拟的正确性和可靠性。数值软件本身算法对解决问题的适用性以及计算机速度和容量等本身条件的限制等都制约着数值模拟的应用。

第二节 瓦斯爆炸基本原理

一、瓦斯爆炸的条件

瓦斯爆炸必须同时具备三个条件,即一定浓度的瓦斯、一定温度及能量的引燃火源及足够的氧含量(不低于12%),三者缺一不可。

(一)一定浓度的瓦斯

瓦斯浓度只有在爆炸界限范围内才可能发生爆炸。瓦斯浓度低于爆炸下限时,遇高温火源不会爆炸,只能在火焰外围形成稳定的燃烧层,此燃烧层呈浅蓝色或淡青色。浓度高于爆炸上限的瓦斯和空气混合物不会爆炸,也不燃烧,如有新鲜空气供给时,会在其接触面上进行燃烧。瓦斯浓度过高,相对来说氧的浓度就不够,不但不能生成足够的活化中心,氧化反应所产生的热量也易被吸收,不能形成爆炸。

根据甲烷燃烧或爆炸的化学反应式可知,一个体积的甲烷需要 2 个体积的氧气才能发生完全反应。新鲜空气中 1 个体积的氧气,必有 $79.04 \div 20.96 \approx 3.77$ 个体积的氮气、二氧化碳及其他惰性气体同时存在。因此,要使 1 个体积的甲烷全部参加反应,就需 $2 \times (1 + 3.77) = 9.54$ 个体积的新鲜空气,此时混合气体中的甲烷浓度应为 $1 \div (1 + 9.54) \times 100\% \approx 9.5\%$。

(二)一定温度及能量的引燃火源

一般把引起瓦斯爆炸的火源分成弱火源和强火源两类。弱火源不能形成冲击波;相反,强火源会产生冲击波。

高温火源对发生爆炸所起的作用主要有两方面,一方面是火源的温度,另一方面是火源作用的持续时间。

点燃瓦斯所需的最低温度叫作引火温度,火源的温度达到引火温度才能点燃瓦斯。引火温度与空气中的瓦斯浓度、氧含量及混合气体的初压和火源的性质有关,表1-1所列为瓦斯浓度与引火温度的关系。从表1-1可见,瓦斯最容易点燃的浓度为 7%~8%。

表 1-1 瓦斯浓度与引火温度的关系

瓦斯浓度/%	2.0	3.4	6.5	7.6	8.1	9.5	11.0	14.7
引火温度/℃	810	665	512	510	514	525	539	565

混合气体的压力与引火温度的关系为:在 101.3 kPa 时,引火温度为 700 ℃;在 2 836.4 kPa 时,其引火温度降低为 460 ℃。当混合气体在绝热条件下被压缩到原

体积的 1/20 时,自身的压缩热便能使其发生爆炸。明火、电气火花、炽热的金属表面,甚至撞击或摩擦产生的火花,都可能引燃瓦斯。实验证明,最易被电火花引爆的瓦斯浓度为 8.3%~8.6%。

（三）足够的氧含量

瓦斯爆炸是一种迅猛的氧化反应,没有足够的氧含量,瓦斯是不会发生爆炸的。瓦斯的爆炸界限随混合气体中氧气浓度的降低而缩小。当氧浓度降低时,瓦斯的爆炸下限缓慢地增高,而爆炸上限则迅速下降。当氧气浓度降到 12% 以下时,含瓦斯的混合气体便会失去爆炸性。

利用瓦斯和氧气在混合气体中的浓度关系构建的爆炸三角形判别瓦斯爆炸危险性,在我国火灾气体爆炸性判别方面得到了广泛的应用。这种方法是以可燃气体瓦斯的体积百分比浓度为横坐标,以空气或氧气的体积百分比浓度为纵坐标,将瓦斯的下限浓度、上限浓度及临界浓度在坐标图上分别为 B、C 及 E 点表示,构成一个三角形,即瓦斯爆炸三角形,也叫 Coward 爆炸三角形,如图 1-1 所示。

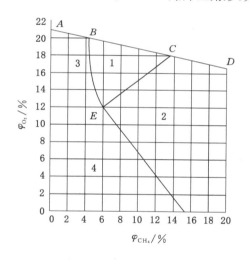

图 1-1 混合气体爆炸界限与氧气浓度的关系

根据混合气体组分点在图 1-1 中的位置,可判断其爆炸危险性。图中,1 区为爆炸危险区;2 区为空气不足区,混合气体组成的坐标点落入该区时,无爆炸危险,但如在混合气体中加入空气,则其坐标点将进入 1 区,仍有爆炸危险性;3 区为空气过量区,无爆炸危险,但如增加可燃气体时,组分坐标点仍可进入 1 区,亦有爆炸危险;4 区为无爆炸危险区,即惰性气体过量区,表示混合气体中惰性气体与可燃气体的混合比已超过窒息比,不论混合气体被空气稀释或增加可燃气体量,都无爆炸危险性。

由于混合气体中的可燃气体不单单是甲烷,惰性气体也不仅是空气中的氮气,因此,利用图1-1判别爆炸危险性时,应根据混合气体的组分进行分析,具体判断。爆炸三角形对火区封闭或启封时以及惰性气体灭火时判断有无瓦斯爆炸危险,有一定的参考意义。

氧气浓度与引燃瓦斯温度之间的关系如图1-2所示,由图可见,氧气的浓度增加时,引燃温度急剧降低。

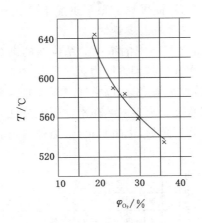

图1-2　氧气浓度与引燃瓦斯温度之间的关系

二、瓦斯爆炸的原理和过程

(一)瓦斯爆炸的原理

瓦斯的主要成分是甲烷,瓦斯(甲烷)爆炸就是一定浓度的甲烷与空气中的氧气在高温热源的作用下发生的一种迅猛而激烈的氧化反应,最终的化学反应式为:

$$CH_4 + 2O_2 \longrightarrow CO_2 \uparrow + 2H_2O \tag{1-1}$$

如果环境中O_2不足,最终的化学反应式为:

$$CH_4 + O_2 \longrightarrow CO \uparrow + H_2 \uparrow + H_2O \tag{1-2}$$

瓦斯爆炸是一种热-链反应过程(也称链锁反应)。当瓦斯和氧气组成的爆炸性混合物吸收一定能量后,反应分子的链即行断裂,离解成2个或2个以上的游离基(也称自由基)。这类游离基具有很大的化学活性,成为反应连续进行的活化中心。在适合的条件下,每一个游离基又可以进一步分解,再产生2个或2个以上的游离基。这样不断循环,游离基越来越多,化学反应速度也越来越快,最后就可以发展为燃烧或爆炸式的氧化反应。

(二)瓦斯爆炸的过程

瓦斯和氧气组成的爆炸性混合气体与高温火源同时存在时,就将发生瓦斯的初燃(初爆),初燃产生以一定速度移动的焰面,焰面后的爆炸产物具有很高的温度,由于热量集中,使爆源气体产生高温和高压并急剧膨胀而形成冲击波。如果煤层气输送管道不是封闭的,且其中存在大量高浓度煤层气,在冲击波的作用下,会形成新的爆炸,使爆炸过程得以继续下去。

瓦斯和空气混合物被火源点燃后,由于热传导作用,使前焰面沿轴向方向在新鲜混合物中移动,即以点火源为中心,呈同心球面向外扩展。根据瓦斯和氧气混合气体燃烧或爆炸时的火焰传播速度及冲击波压力的大小,可把瓦斯的燃烧爆炸分为以下三种类型:

(1)速燃:火焰传播速度在 10 m/s 以内,冲击波压力在 15 kPa 以内。它可以使人烧伤,引起火灾。

(2)爆燃:火焰的传播速度在音速以内,冲击波的压力高于 15 kPa。它对人和设施具有较强的杀伤能力和摧毁作用。

(3)爆轰:火焰的传播速度超过音速,达到每秒数千米,冲击波的压力可达数兆帕。它对人和设施具有强烈的杀伤力和摧毁作用。爆炸波具有直线传播的性质,管道拐弯、下面阻挡物等都可减弱其冲击力,所以被正面阻挡物挡住的物体可在一定程度上减轻或者免遭破坏。

三、瓦斯爆炸的主要危害

瓦斯爆炸时,会产生三种危害:爆炸冲击波、火焰锋面、空气成分变化,从而造成人员伤亡、管道和设备被毁坏等恶果。

(一)爆炸冲击波

瓦斯爆炸后的高温高压气体,以极大的速度(每秒几百米甚至上千米)向外传播,形成冲击波。

(1)冲击波有很大的传播范围,一般为几千米。瓦斯爆炸产生的冲击有两种:一种是进程冲击,由于爆炸后产生的高温气体以很大的压力自爆源向外扩张而形成;另一种是回程冲击,这是爆炸时产生的大量水蒸气由于温度降低而凝结,使爆源点区域气压降低而引起的同爆炸方向相反的冲击。一般回程冲击较进程冲击的力量小,但因回程冲击是沿着刚刚受到破坏的管道反冲击过来,所以破坏作用更大,回程冲击往往将未爆炸的瓦斯带回爆源地,遇火形成二次爆炸。

(2)冲击波会造成人体的创伤,多数情况这些创伤具有综合(创伤和烧伤综合)、多样的特征。

(3)冲击波会移动和破坏电气设备、机械设备,可能在通过的管道中发生二次性着火。

（二）火焰锋面

火焰锋面是沿巷道运动的化学反应带和烧热的气体。当火焰锋面通过时，人员会被烧伤，电气设备会被烧坏，电缆尤甚，还会引起火灾。

（三）空气成分变化

瓦斯爆炸可使环境空气成分发生下列变化：

（1）氧浓度降低。瓦斯的燃烧爆炸会消耗空气中的大量氧气，引起氧气浓度的下降，造成现场人员因缺氧而窒息。

（2）释放对人身健康有害的气体。瓦斯爆炸会产生大量的二氧化碳、一氧化碳。高浓度的二氧化碳会引起现场人员因缺氧而窒息死亡；一氧化碳具有很强的毒性，实际上在爆炸事故中一氧化碳是引起大量人员伤亡的主要原因。

另外，高浓度的水蒸气也是危险的，因为它有高的热容量而带有大量的热，并且水蒸气在呼吸器官的黏膜上凝结时会释放汽化潜热（2.3×10^6 J/kg）。因此，吸入灼热的水蒸气会造成人体内脏器官的深度烫伤。

（3）形成爆炸性气体。一氧化碳和氢气均是不完全燃烧的产物，瓦斯浓度达到爆炸上限时，爆炸释放的一氧化碳和氢气数量最多，它们和瓦斯混合后可使火焰锋面传播范围中 6.3 倍容积的空气达到爆炸下限浓度。因此，混合物具有更强的爆炸性。

第三节　瓦斯爆炸极限

一、最佳浓度

燃料和空气或氧气混合物的燃烧速度和放热量均随燃料浓度的变化而变化，当混合比达到某一值时，其基本燃烧速度达到极值，此时的燃料浓度称为最佳浓度。最佳浓度一般用体积百分比表示。必须指出，最佳浓度不等于化学计量浓度，由于化学反应的不完全性和燃烧产物的离解及二次反应等原因，最佳浓度总是要高于化学计量浓度。常见可燃气体和空气混合物，其最佳浓度为化学计量浓度的 1.1～1.5 倍。而粉尘和空气混合物的最佳浓度可以达到化学计量浓度的 3～5 倍，这与粉尘粒子燃烧不完全有关。

从安全角度看，最佳浓度即为最危险的浓度，在此浓度下，爆炸威力最大，破坏效应最严重，因此要尽力避免达到这个浓度。

二、化学计量浓度

所谓化学计量浓度即为可燃剂恰好被氧化剂全部氧化生成 CO_2 和 H_2O 时的浓度。

化学计量浓度 c_{st} 可用 CO_2-H_2O 简化法则计算。对含碳、氢、氧的燃料 $C_aH_bO_c$ 和空气混合气体,可以写成如下反应式:

$$C_aH_bO_c + \frac{2a+\frac{b}{2}-c}{2}(O_2+3.773N_2) \longrightarrow aCO_2 + \frac{b}{2}H_2O + 3.773\left(a+\frac{b}{4}-\frac{c}{2}\right)N_2$$

$$(1-3)$$

据此,化学计量浓度 c_{st} 可由下式计算:

$$c_{st} = \frac{100}{1+4.773\left(a+\frac{b-2c}{4}\right)} \qquad (1-4)$$

对常见烷烃类燃料 C_nH_{2n+2} 空气混合物,c_{st} 可由下式计算:

$$c_{st} = \frac{100}{1+4.773(1.5n+0.5)} \qquad (1-5)$$

则通过计算,瓦斯的化学计量浓度为 9.482(以甲烷来进行计算)。

三、极限浓度

当从化学计量浓度增大或减小可燃物浓度时,燃烧速度都会减小,并存在一个下限和上限,称为爆炸极限。凡是浓度低于爆炸下限或高于爆炸上限的混合物与点火源接触时都不会引起火焰自行传播。浓度低于爆炸下限时,由于过量的空气作为惰性介质参与燃烧反应,消耗一部分反应热,起了冷却作用,阻碍火焰自行传播;相反,浓度高于爆炸上限时,由于可燃物过剩,即空气量不足,导致化学反应的不完全,反应放出的热量小于损耗的热量,因而也阻碍火焰蔓延。

四、计量比浓度

燃料计量比浓度 Φ 的定义可用下式表示:

$$\Phi = \frac{f/a}{(f/a)_{st}} \qquad (1-6)$$

式中,f 是燃料浓度;a 是空气或氧化剂浓度;下标 st 表示化学计量浓度下的值。因此,计量比浓度 Φ 小于1,意味着该混合物中有过剩的空气,属于正氧平衡混合物,或叫作缺油型混合物;计量比浓度 Φ 大于1,意味着该混合物中含有过多的燃料,属于负氧平衡混合物,或叫作富油型混合物。上述两种情况,燃烧都不可能完全。一般火焰温度和燃烧速度,都是随着混合物趋近于化学计量浓度($\Phi=1$)而增加的,在计量比浓度 Φ 等于1时,绝大多数火焰达到最高温度和最大燃速。

五、爆炸上下限的经验计算

常温常压条件下,瓦斯爆炸极限值是研究瓦斯气体爆炸特性的重要参考,在应用时可查阅文献或直接测定以获得数据,也可以通过其他数据或某些经验公式计算获得,但由于生产条件或测试条件的出入,这类数据只是作参考之用。理论计算方法主要有根据化学计量浓度计算、根据含碳原子数计算、根据完全燃烧所需氧原子数计算等。

(一) 根据化学计量浓度计算

最易爆炸浓度即爆炸性气体完全燃烧时的化学计量浓度,计算公式为:

$$c_0 = \frac{1}{1 + \frac{n_0}{0.21}} \times 100\% = \frac{0.21}{0.21 + n_0} \times 100\% = \frac{0.21}{0.21 + 2} \times 100\% = 9.5\%$$

$$(1-7)$$

式中,c_0 为爆炸性气体完全燃烧时的化学计量浓度;n_0 为完全燃烧所需氧分子数,对于 CH_4,n_0 的取值为 2。

根据化学计量浓度计算瓦斯爆炸下限值,如下式:

$$L_下 = 0.55c_0 = 5.2\% \qquad (1-8)$$

在标准大气压和 298 K 条件下,在爆炸上限附近不伴有冷火焰时,上限和下限之间的简单关系式为[44]:

$$L_上 = 6.5\sqrt{L_下} = 14.8\% \qquad (1-9)$$

(二) 根据含碳原子数计算

n_c 为脂肪族碳氢化合物含碳原子数,对于 CH_4,n_c 的取值为 1,据其计算瓦斯爆炸极限值如下:

$$L_下 = \frac{1}{0.134\,7n_c + 0.043\,43} = \frac{1}{0.134\,7 \times 1 + 0.043\,43} = 5.6 \qquad (1-10)$$

$$L_上 = \frac{1}{0.013\,37n_c + 0.051\,51} = \frac{1}{0.013\,37 \times 1 + 0.051\,51} = 15.4 \qquad (1-11)$$

则 CH_4 的爆炸下限和爆炸上限分别为 5.6% 和 15.4%。

(三) 根据完全燃烧所需氧原子数计算

n 为每一分子可燃性气体完全燃烧时所必需的氧原子数,据其计算瓦斯爆炸极限值如式(1-12)和式(1-13)所示。在经验公式中只考虑爆炸极限中混合气体的组成,而没有考虑其他一系列的因素。

$$L_下 = \frac{1}{4.76(n-1)+1} \times 100\% = \frac{1}{4.76 \times 3 + 1} \times 100\% = 6.5\% \qquad (1-12)$$

$$L_上 = \frac{4}{4.76n + 4} \times 100\% = \frac{4}{4.76 \times 4 + 4} \times 100\% = 17.4\% \qquad (1-13)$$

需要指出的是,理论认为甲烷的爆炸极限为 5%~16%,通过不同的估算公式,计算出的爆炸极限都有一定的差异。而实验所测爆炸极限,也因为实验设备的不同以及实验条件的差异有很大的差别。

第四节　瓦斯爆炸特性参数

一、燃烧速度和火焰速度

燃烧速度 S_b 是指火焰在未燃混合气体中的传播速度,它与反应物质有关,是反应物质的特征量。常温、常压下的层流燃烧速度叫基本燃烧速度。大量实验证明,燃料与氧气混合物的基本燃烧速度比燃料与空气混合物的基本燃烧速度高一个数量级,如甲烷-氧气混合物的基本燃烧速度为 4.5 m/s,而甲烷-空气混合物的基本燃烧速度只为 0.40 m/s。

层流燃烧速度较易测量,而紊流燃烧速度较难测量。紊流燃烧速度的测定易受各种条件的影响,如气体流动中的耗散性、界面效应、管壁摩擦、密度差、重力作用、障碍物绕流及射流效应等可能引起湍流和旋涡,使火焰不稳定,其表面变得皱褶不平,从而增大火焰面积、体积和燃烧速率,增强爆炸破坏效应。

火焰速度 S_p 是指火焰相对于静止坐标系的速度,取决于火焰阵面前气流的扰动情况,可用高速摄影法、电离探针法和光导纤维探头法以及热电偶探测法直接测出。火焰速度在每秒数米到数百米之间变动,当火焰加速为爆轰时,则可达到 1 800~2 000 m/s。设未燃气体的流动速度为 u_n,则火焰速度可表示为:

$$S_p = S_b + u_n \tag{1-14}$$

二、火焰温度

一定比例的可燃气体和空气的混合物产生的燃烧爆炸,它们的热量包括两部分:一是由可燃气体和空气带入的物理热量;二是它们发生化学反应放出的热量。如果反应是在绝热条件下进行的,这两部分热量都用来加热反应物,这时反应产物所能达到的温度称为理论燃烧温度,也称为火焰温度。严传俊、范玮编著的《燃烧学》一书所给出的定义是:当空气-燃料比和温度一定时,绝热过程燃烧产物所达到的温度,称为绝热燃烧温度或火焰温度[45]。火焰温度是决定可燃气体爆炸破坏力的一个重要参数,可以根据爆炸热效应来进行计算。

爆炸热效应的计算是依据盖斯定律,即在定容或定压条件下,反应的热效应与反应的途径无关,而只取决于反应的初态和终态。燃料-空气混合物的爆炸反应热 Q 可由下式计算:

$$Q = -\Delta H = -\left[\left(\sum n_j \Delta H_{j,298}^0\right) - \left(\sum n_i \Delta H_{i,298}^0\right)\right] \tag{1-15}$$

式中,下标 j 表示产物,下标 i 表示反应物。

假设爆炸过程是绝热的,爆炸反应所放出的热量全部用来加热爆炸产物,则定压爆炸反应热效应 Q_p 可由下式得到:

$$Q_p = \int_{T_0}^{T_f} c_p \mathrm{d}T = (T_f - T_0) \sum n_j c_{pj}^0 \tag{1-16}$$

式中，c_p 为比定压热容；T_0 为初始温度；T_f 为火焰温度。

假定一火焰温度 T_{f1}，算得与其对应的爆炸反应热 Q_{p1}，与式（1-15）计算出的 Q 进行比较，如果 $Q_{p1} \neq Q$，则再假设另一火焰温度 T_{f2}，得到与其对应的爆炸反应热 Q_{p2}，如果 $Q_{p2} = Q$，则 T_{f2} 就是所求的火焰温度 T_f，否则用线性插值法求得火焰温度 T_f。

三、定容爆炸压力

理论上定容爆炸是指在刚壁容器内瞬时整体点火，且系统绝热，即在不考虑容器壁的冷却效应与气体泄漏而带走的热损失的情况下的爆炸，因此定容爆炸压力应当是爆炸最高压力。实际上，瞬时整体点火是不可能的，一般是在球形容器中心点火。在这种情况下测得的峰值压力接近于定容爆炸压力，因为只有火焰接近于球壁时，才会产生壁面导热冷却效应，虽然此压力维持时间极短，并很快就衰减下去，但此时压力峰值接近定容爆炸压力值。

可燃气体混合物的爆炸压力与初始压力、温度、浓度、组分以及容器的形状、大小有关。如果已确定可燃气体的理论燃烧温度，则其定容爆炸压力可以利用理想气体状态方程计算得到，公式如下：

$$p_f = p_i \frac{n_f T_f}{n_i T_i} \tag{1-17}$$

式中，p_i、n_i、T_i 分别为初始压力、物质的量和温度，p_f、n_f、T_f 分别为终态压力、物质的量和温度。

由于一般的混合气体爆炸前后物质的量变化很小，所以实际上定容爆炸压力值主要取决于火焰温度。普通燃料-空气混合物的火焰温度为 8~9 倍的初始温度，因而定容爆炸压力（绝对值）为 $(8 \sim 9) \times 10^5$ Pa，超压为 $(7 \sim 8) \times 10^5$ Pa。

对于一个球形密闭容器，理论定容爆炸压力波形如图 1-3 中虚线 a 所示，它对应于瞬时整体点火，且系统是绝热的，即不通过容器壁与外界进行热交换，而容器内也没有任何耗散效应。这种理想化的波形实际上是不存在的。

对于中心点火，如果没有热损失，则压力极限值能维持，如图 1-3 中曲线 b 所示。一般情况下都存在热交换，所以压力未达到理论极限值就衰减，如图 1-3 中曲线 c 所示。曲线 c 是在密闭容器内实测到的压力波形，从此压力波形可看出爆炸过程分为三个阶段：

（1）爆炸压力上升阶段，该阶段的特点是爆炸反应放出的能量大于向周围热传导而损失的能量时，因此反应过程中能量不断增加，导致压力不断上升，压力上升速率与化学反应动力学和燃烧速度有关。

（2）爆炸压力最高点,当爆炸反应放出的能量等于向周围热传导而损失的能量时,爆炸压力达到最大。此值大小与化学反应热效应和热力学有关。

（3）爆炸压力衰减区,当爆炸反应放出的能量小于向周围热传导而损失的能量时,压力开始逐渐下降,能量损失的主要原因是容器壁的冷却效应和气体泄漏,因此压力衰减快慢与热传导和可压缩气体的流动有关。

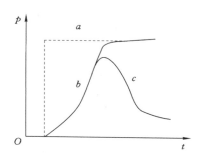

图 1-3　定容爆炸压力波形

四、爆炸压力上升速率及爆炸特征值

爆炸压力上升速率定义为时间-压力曲线上升段拐点处的切线斜率,即压力差除以时间差所得的商,如图 1-4 所示。压力上升速率是衡量燃烧速度的标准。爆炸压力上升速率越大,泄压时间越短,爆炸产生的破坏力越大。爆炸压力上升速率主要与燃烧速度和化学反应容器体积有关。可燃气体的燃烧速度越快,其爆炸压力上升速率越大;反应容器的容积越大,其爆炸压力上升速率越小。可燃气体(或蒸气)的最大压力上升速率与容积的关系可用"三次方定律"表示,即:

$$(\mathrm{d}p/\mathrm{d}t)_{\max} \cdot V^{1/3} = K_{\mathrm{G}} \tag{1-18}$$

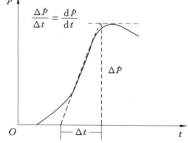

图 1-4　爆炸压力上升速率的定义

这就是说,最大压力上升速率与容器容积的立方根的乘积等于常数。上式成立的四个条件为:容器形状相同;可燃气的最佳混合浓度相同;可燃气与空气混合气的湍流度相同;点火源或点火能相同。在上述条件下,K_G 的值可看作一个特定的物理常数。通常把 K_G 称为可燃混合气体爆炸特征值,用来评价各种可燃混合气体的爆炸危险程度,K_G 值越大,爆炸危险程度越大。

五、点火延迟时间

瓦斯与高温热源接触时,并不立即燃烧或爆炸,而需经过一个很短的作用持续时间,这种现象叫作引火延迟性;这段作用持续时间称为引火感应期或点火延迟时间。任何一个火源,只有当其作用延续时间超过引火感应期时才是危险的。火源温度、瓦斯浓度与引火感应期的关系见表1-2。

表 1-2　火源温度、瓦斯浓度与引火感应期的关系　　　单位:s

瓦斯浓度/%	火源温度/℃						
	775	825	875	925	975	1 075	1 175
6	1.08	0.58	0.35	0.20	0.12	0.039	—
7	1.15	0.60	0.36	0.21	0.13	0.041	0.010
8	1.25	0.62	0.37	0.22	0.14	0.042	0.012
9	1.30	0.65	0.39	0.23	0.14	0.044	0.015
10	1.40	0.68	0.41	0.24	0.15	0.049	0.018
12	1.64	0.74	0.44	0.25	0.16	0.055	0.020

当加入其他可燃性气体时,这种延迟性有可能减弱。如混合气体的可燃组分中含有30%的氢气时,延迟现象便不存在了。

六、点火能量和点火温度

在工业安全技术中,可燃气体爆炸的最小点火能量 E_{min} 是衡量可燃气体点火敏感度的一个参量。

可燃气体的点火能量很低,只有几十到几百微焦耳量级,因此极易被点燃。常见碳氢化合物和空气混合气体的最小点火能约为 0.25 mJ,这足以点燃可燃气体。

文献[46]给出的最小点火能量理论计算式如下:

$$H_{理论} = \frac{\pi}{4} d^3 K c_p T_u \left(1 - \frac{T_u}{T_b}\right) \qquad (1-19)$$

式中,d 为临界最小火焰直径,等同于实验测得的熄灭距离;c_p 为比定压热容;T_u 为未燃气体温度;T_b 为已燃气体温度;K 为 Karlovitz 数。上式表明,$H_{理论}$

大体上与 d^3 呈正比。对于高温、快速燃烧的混合物来说，$H_{理论}$ 与 $H_{实验}$ 吻合得相当好，但对于低温、缓慢燃烧的混合物来说，偏差则较大。

而文献[47]给出的最小点火能量理论计算式如式(1-20)所示，认为最小点火能量大约正比于热传导系数和火焰温度，反比于燃烧速度。

$$H_{理论} = \alpha \frac{k}{S_b}(T_b - T_u) \tag{1-20}$$

式中，α 是一近似常数，约等于 40；k 为热传导系数；S_b 为燃烧速度；其他变量含义同上。

瓦斯-空气混合气体必须在大于某一温度的点火源作用下，才能被点火发生爆炸，即瓦斯爆炸有一最小点火温度。瓦斯-空气混合气体的点火能不到 1 mJ，最小点火温度一般低于 600 ℃，所以各种点火源均能点燃达到爆炸极限的瓦斯。

第五节　瓦斯爆炸特性影响因素

一、环境温度

（一）环境温度对化学反应速率的影响

化学反应进行的快慢可以用单位时间内在单位体积中反应物消耗或生成物产生的物质的量来衡量，称之为反应速率 ω，单位为 mol/(m³·s)，对于反应物是消耗速度，对于生成物是生成速度，用公式表达为：

$$\omega = \frac{dn}{V dt} = \frac{dc}{dt} \tag{1-21}$$

式中，ω 为反应速率，mol/(m³·s)；V 为体积，m³；dn，dc 分别为物质的量和物质的量浓度的变化量，单位分别为 mol 和 mol/m³；dt 为发生变化的时间，s。

虽然用反应物浓度变化和用生成物浓度变化得出的反应速率不同，但是它们之间存在单值计量关系，这种计量关系由化学反应式决定。如已知任意一反应 $a\mathrm{A} + b\mathrm{B} \rightarrow e\mathrm{E} + f\mathrm{F}$，反应速率可写成：

$$\left. \begin{array}{l} \omega_A = -\dfrac{dc_A}{dt}, \omega_B = -\dfrac{dc_B}{dt} \\[3mm] \omega_E = +\dfrac{dc_E}{dt}, \omega_F = +\dfrac{dc_F}{dt} \end{array} \right\} \tag{1-22}$$

以上 4 个反应速率之间有如下关系：

$$\frac{\omega_A}{a} = \frac{\omega_B}{b} = \frac{\omega_E}{e} = \frac{\omega_F}{f} = \omega \tag{1-23}$$

式(1-23)中，ω 代表反应系统的化学反应速率，其数值是唯一的，称为系统反应速率。显然，反应系统中各物质的反应速率为：

$$\left.\begin{array}{l}\omega_A = \omega a, \omega_B = \omega b \\ \omega_E = \omega e, \omega_F = \omega f\end{array}\right\} \tag{1-24}$$

温度可以影响反应速率,这是根据化学实验经验早已知道的事实。范特霍夫(Van't Hoff)曾根据实验研究总结出一条近似规律,即温度每升高 10 K,反应速率增大 2~4 倍。

在影响化学反应速率的诸因素中,温度对化学反应的影响最为显著。反应速率与温度的关系可用下列两条规则来表示。

1. 范特霍夫规则

这是一条简单而近似的规则。这个规则指出,在不大的温度范围内和不高的温度时,温度每升高 10 K,反应速率增大 2~4 倍,如用数学式表示则为:

$$\frac{K_{T+10}}{K_T} = 2 \sim 4 \tag{1-25}$$

式中,K_T 为温度为 T 时的化学反应速率;K_{T+10} 为温度从 T 升高 10 K 时的化学反应速率。

2. 阿伦尼乌斯定律

1889 年,阿伦尼乌斯(Svante August Arrhenius)从实验结果总结出温度对反应速率影响的经验公式:

$$K = K_0 \exp\left(-\frac{E}{RT}\right) \tag{1-26}$$

式中,K 为阿伦尼乌斯反应速率常数,$m^3/(s \cdot mol)$;E 为反应物活化能,kJ/mol;R 为普适气体常数,为 8.314×10^{-3} $kJ/(mol \cdot K)$;T 为温度,K;K_0 为频率因子,$m^3/(s \cdot mol)$。

式(1-26)中,相对于 $\exp\left(-\dfrac{E}{RT}\right)$,温度对 K_0 的影响可以忽略不计。它所表达的关系通常称为阿伦尼乌斯定律,其不仅适用于基元反应,也适用于具有明确反应级数和速度常数的复杂反应。

由阿伦尼乌斯定律可知温度对反应速率的影响呈指数函数关系,主要是因为当温度增高时,活化能分子数目迅速增多。

(二)环境温度对爆炸压力的影响

密闭容器中的爆炸发展过程是比较复杂的,在一般情况下没有解析解。本书中采用等温模型(图 1-5),作出近似假设条件,在简化模型的基础上推导出温度与爆炸表征参数的解析关系式。等

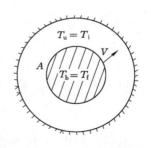

图 1-5　瓦斯爆炸等温模型

温模型的基本假设是已反应物质（燃烧产物）的温度 T_b 和未反应物质（初始反应物）的温度 T_u 在爆炸发展过程中始终不变，即：

$$T_b = T_f = 常数 \tag{1-27}$$

$$T_u = T_i = 常数 \tag{1-28}$$

式中，T_f 为燃烧终态产物温度，由热化学计算得到；T_i 为反应物初始状态温度，一般为常温。

最大压力和最大压力上升速率受初始温度 $T_i \approx T_u$ 影响不大，而主要受火焰温度 T_b 的影响。

通过大量热化学计算，归纳出如下燃烧温度与环境温度的关系：

$$T_b = K_1 T_u + K_2 \tag{1-29}$$

9.9% CH$_4$ 和 90.1% 空气的混合物爆炸时，$K_1 = 0.75$，$K_2 = 4\,170\,°R(1\,K = 1.8\,°R)$，于是最大压力表达式可为：

$$p_m = p_0 \frac{\overline{M}_u}{\overline{M}_b}\left(0.75 + \frac{4\,170}{T_u}\right) \tag{1-30}$$

式中，$\overline{M}_u$ 和 $\overline{M}_b$ 分别为未燃和已燃燃料的平均分子量；p_0 为初始环境压力。

由式(1-30)可知，p_m 随 T_u 增加而减小（如果 $\overline{M}_u/\overline{M}_b$ 是常数）。实验证明，最大压力和初温倒数呈线性关系。

环境温度对最大压力上升速率的影响可由下式表述：

$$\left(\frac{\mathrm{d}p}{\mathrm{d}t}\right)_m = \frac{\alpha K_r s p_0}{V T_u^2}\left(\frac{\overline{M}_u}{\overline{M}_b}\right)^2\left[\left(0.75 - \frac{\overline{M}_u}{\overline{M}_b}\right)0.75 T_u^2 + \left(1.50 - \frac{\overline{M}_u}{\overline{M}_b}\right)4\,170 T_u + 4\,170^2\right]$$

$$\tag{1-31}$$

式中，K_r 为燃烧速度；α 为湍流因子；s 为火焰面积；V 为爆炸容器容积。

该式表明，$(\mathrm{d}p/\mathrm{d}t)_m$ 是 T_u 的二次方函数。但从上式还可看出，T_u^2 和 T_u 的系数项与常数 $4\,170^2$ 相比要小得多。实测结果表明：低于 $400\,℃$ 时，$(\mathrm{d}p/\mathrm{d}t)_m$ 与 T_u 基本无关。

（三）环境温度对爆炸极限的影响

爆炸性气体混合物的原始温度越高，则爆炸极限范围越大，即爆炸下限降低而爆炸上限增高。因为系统温度升高，其分子内能增加，使更多的气体分子处于激发态，原来不燃的混合气体成为可燃、可爆系统，所以温度升高使爆炸危险性增大。根据 Burgess-Wheeler 法则，Zabetakis 等人给出修正式，若 t ℃时的爆炸下限为 L_t，25 ℃时的爆炸下限为 L_{25}，则爆炸下限的计算关系式为：

$$L_t = [1 - 0.000\,721(t - 25)] \times L_{25} \tag{1-32}$$

从热力学负熵机理的角度出发,运用热力学参数研究可以建立可燃性气体爆炸极限的计算公式。依据耗散结构[48]理论,在一个敞开系统中,系统与环境间既有物质也有能量的交换,因此系统中的熵可分为两部分:一部分是由系统内不可逆过程产生的,称为熵产生,用 dS_p 表示;另一部分是由系统和外界环境交换引起的,称为熵流,用 dS_f 表示。于是敞开系统的熵为:

$$dS = dS_p + dS_f \tag{1-33}$$

根据热力学第二定律,对于一个隔离体系,一切能自动进行的过程,都引起熵的增大,即 $dS_p \geqslant 0$。欲使系统稳定、不爆炸,应使熵产生为零,$dS = 0$ 是我们计算爆炸极限的上限、下限的前提和基础。

由物理化学中阿伦尼乌斯公式可知化学反应与温度有很大关系,混合气体的环境温度越高,化学反应速率越快,甲烷的爆炸极限范围可能会变宽。利用热力学第二定律、稳定系统熵的变化定律推算得到在环境温度变化的情况下甲烷爆炸上限和爆炸下限的计算公式如下:

$$c_上 = \frac{0.21KQ - a_上 c_{p2} N \Delta T}{a_上 (c_{p1} - c_{p2}) N \Delta T + 0.21KQ} \tag{1-34}$$

$$c_下 = \frac{a_下 c_{p2} \Delta T}{KQ - (c_{p1} - c_{p2}) \Delta T} \tag{1-35}$$

式中,ΔT 是爆炸性气体的最低引燃温度和室温的差值;Q 为气体燃烧的低热值;K 为平均反应率;N 为每一分子可燃气体完全燃烧时所必需的氧分子数;c_{p1}、c_{p2} 为 $25 \sim 645$ ℃时爆炸性气体和空气的比定压热容;a 为与反应浓度有关的爆炸反应率的校正系数。

（四）环境温度对基元化学反应的影响

化学计量方程式表达反应前后反应物与生成物之间的数量关系,但是,这种表达式描述的只是反应的总体情况,没有说明反应的实际过程,即未给出反应过程中经历的中间过程。例如氢与氧化合生成水的反应可用 $2H_2 + O_2 \longrightarrow 2H_2O$ 表达,但实际上 H_2 和 O_2 需要经过若干步反应才能转化为 H_2O。

反应物分子在碰撞中一步转化为产物分子的反应,称为基元反应。一个化学反应从反应物分子转化为最终产物分子往往需要经历若干个基元反应才能完成。实验证明:对于单相的化学基元反应,在等温条件下,任何瞬间化学反应速度都与该瞬间各反应物浓度的某次幂的乘积成正比。在基元反应中,各反应物浓度的幂次等于该反应物的化学计量系数。

这种反应化学反应速度与反应物浓度之间关系的规律,称为质量作用定律。

其简单解释为：化学反应是反应物各分子之间碰撞后产生的，所以，单位体积内的分子数目越多，即反应物浓度越大，反应物分子与分子之间碰撞次数就越多，反应过程进行得就越快，因此，化学反应速度与反应物的浓度成正比关系。

对于反应式 $a\mathrm{A}+b\mathrm{B}\longrightarrow e\mathrm{E}+f\mathrm{F}$，根据质量作用定律可以得出化学反应速度（这里其实是指正向反应速度）方程为：

$$v = K c_\mathrm{A}^a c_\mathrm{B}^b \tag{1-36}$$

式中，K 为比例常数，或者称为反应速度常数，其值等于反应物为单位浓度时的反应速率；a，b 为该化学反应的反应级数。

必须强调指出，质量作用定律只适用于基元反应，因为只有基元反应才能代表反应进行的真实途径。对于非基元反应，只有分解为若干个基元反应时，才能逐个运用质量作用定律。

将式(1-26)两边取对数，得：

$$\ln K = -\frac{E}{RT} + \ln K_0 \tag{1-37a}$$

或者：

$$\lg K = -\frac{E}{2.303RT} + \lg K_0 \tag{1-37b}$$

由式(1-37a)和式(1-37b)可以看出：$\ln K$ 或 $\lg K$ 对 $1/T$ 作图可得到一条直线，由其斜率可求 E，由其截距可求 K_0。

根据质量作用定律和阿伦尼乌斯定律，可得出基元反应的速度与温度的关系方程式，即：

$$v = K_0 c_\mathrm{A}^a c_\mathrm{B}^b \exp\left(-\frac{E}{RT}\right) \tag{1-38}$$

二、环境压力

环境压力指的是瓦斯爆炸起始时刻所处爆炸地点的压力。瓦斯爆炸过程中环境压力是一个重要的影响参数。在实际过程中，通常突然发生大面积的瓦斯突出，瓦斯的压力较大，并且巷道比较狭窄，通风条件不好，那么意味着巷道中瓦斯-空气混合气体的压力和浓度升高，环境压力发生变化，通常大于 1 atm（1 atm ＝ 101.325 kPa，全书同），有时局部达 5 atm 左右。而且，如果已经发生了瓦斯爆炸，爆炸冲击波压缩作用使得矿井巷道中未爆炸的瓦斯-空气混合气体压力和温度都升高，此时若发生二次爆炸，环境压力远远大于 1 atm。另外，在瓦斯输送过程中，其管道内的压力也远远大于 1 atm。在上述三种情况下，必须考虑环境压力对瓦斯爆炸的影响。

（一）初始压力对最低点火温度的影响

最低点火温度是瓦斯爆炸的一个重要参数，它随外界瓦斯、氧气的浓度和压力的变化而变化，在其他条件不变时，由初始压力的变化导致的瓦斯点燃温度的变化可按照下式计算：

$$\ln\left(\frac{p_0}{T_0}\right) = \frac{A_1}{T_0} + B_1 \tag{1-39}$$

或者按下式计算：

$$\ln p_0 = \frac{A_2}{T_0} + B_2 \tag{1-40}$$

式中，p_0 是初始压力，kPa；T_0 是瓦斯-空气混合气体的最低点火温度，K。在压力变化范围不大时，这两个式子是等效的。

从式（1-39）和式（1-40）中可以看出，初始压力的上升，使得最低点火温度下降，相应地，瓦斯-空气混合气体更容易被点燃，发生瓦斯爆炸。这是因为，初始压力的上升使得分子之间的距离更近，分子碰撞频率变高，相同条件下着火所需的温度就会变小。

（二）初始压力对瓦斯爆炸上限的影响

通过理论分析可知，初始压力越大，瓦斯爆炸极限范围越宽。在高压情况下，瓦斯爆炸上限 UFL 会发生变化，一般都是升高。在确定的压力和温度条件下显示，甚至只有小的压力升高时，可燃范围都会明显增加。

Vanderstraeten 等研究了甲烷和空气混合物的爆炸上限与压力之间的关系，根据实验数据得到了压力与爆炸上限 UFL 的关系式如下：

$$UFL(p_0) = UFL(p_a)\left[1 + a\left(\frac{p_0}{p_a} - 1\right) + b\left(\frac{p_0}{p_a} - 1\right)^2\right] \tag{1-41}$$

式中，p_0 是实际初始压力；p_a 是标准大气压的值；a、b 为常数。不同温度下的 $UFL(p_a)$、a、b 的值可以由表 1-3 查得。

表 1-3　不同温度下的 $UFL(p_a)$、a、b 的值

$T_0/℃$	$UFL(p_a)/$（%，体积百分数）	a	b
20	15.7	0.046 6	−0.000 269
100	16.8	0.055 2	−0.000 357
200	18.1	0.068 3	−0.000 541
410	20.8	0.078 2	−0.000 691

（三）初始压力对爆炸压力的影响

对于常温常压下的定容爆炸，如果已确定可燃气体的理论燃烧温度，则其定容爆炸压力可以利用理想气体状态方程计算得到。理想气体状态方程对压力不太高、温度不太低的气体普遍适用，但高压环境下，各种气体行为无一例外地偏离了理想气体，这就需要引入一个适用于真实气体的状态方程，即范德瓦尔斯方程[49]。这个状态方程是对理想气体进行两方面的修正而获得的。

1. 分子本身体积所引起的修正

由于理想气体模型是将分子视为不具有体积的质点，故理想气体状态方程式中的体积项应是气体分子可以自由活动的空间。

设 1 mol 真实气体的体积为 V_m，由于分子本身具有体积，则分子可以自由活动的空间相应要减小，因此必须从 V_m 中减去一个反映气体分子本身所占有体积的修正量，用 b 表示。这样，1 mol 真实气体的分子可以自由活动的空间为 $(V_m - b)$，理想气体状态方程则修正为：

$$p(V_m - b) = RT \tag{1-42}$$

式中修正项可通过实验方法测定，其数值约为 1 mol 气体分子自身体积的 4 倍，常用单位为 m^3/mol。

2. 分子间作用力引起的修正

在温度一定的条件下，由理想气体状态方程可以看出，理想气体压力 p 的大小只与单位体积中分子数量有关，而与分子的种类无关。满足这一点必须是分子间无相互作用力。但是真实气体分子间存在相互作用力，且一般情况下为吸引力。在气体内部，一个分子受到其周围分子的吸引力作用，由于周围气体分子均匀分布，故该分子所受的吸引力的合力为零。但对于靠近器壁的分子，其所受到的吸引力就不均匀了。其后面的分子对它的吸引力所产生的合力不为零，而且指向气体内部，这种力称之为内压力。内压力的产生势必减小气体分子碰撞器壁时对器壁施加的作用力，所以真实气体对器壁的压力要比理想气体的小。内压力的大小取决于碰撞单位面积器壁的分子数的多少和每个碰撞器壁的分子所受到向后拉力的大小。这两个因素均与单位体积中分子个数成正比，即正比于 $1/V_m$，所以内压力应与摩尔体积平方成反比。设比例系数为 a，则内压力为 a/V_m^2。比例系数 a 决定于气体的性质，它表示 1 mol 气体在占有单位体积时，由于分子间相互吸引而引起的压力减小量。若真实气体的压力为 p，则气体分子间无吸引力时的真正压力为 $(p + a/V_m^2)$。

综合上述两项的修正，可得范德瓦尔斯方程的具体形式如下：

$$\left(p + \frac{a}{V_m^2}\right)(V_m - b) = RT \tag{1-43}$$

式中,V_m 为摩尔体积;a、b 为范德瓦尔斯常数,对于某些气体其范德瓦尔斯常数的取值如表 1-4 所列。

表 1-4　某些气体的范德瓦尔斯常数

气体	$10 \times a/(\mathrm{Pa \cdot m^6/mol^2})$	$10^4 \times b/(\mathrm{m^3/mol})$
H_2	0.247 6	0.266 1
N_2	1.408	0.391 3
O_2	1.378	0.318 3
CO_2	3.640	0.426 7
H_2O	5.536	0.304 9
CH_4	2.283	0.427 8

对于恒容状态下的瓦斯(瓦斯主要成分为甲烷,因此以甲烷来进行计算)爆炸,由于反应前后物质的量保持不变,因此摩尔体积 V_m 不变。通过范德瓦尔斯方程计算出初始温度和初始压力下的摩尔体积,从而计算出爆炸反应后的压力:

$$\frac{\left(p_f + \dfrac{a}{V_m^2}\right)(V_m - b)}{T_f} = \frac{\left(p_i + \dfrac{a}{V_m^2}\right)(V_m - b)}{T_i} \tag{1-44}$$

整理得:

$$p_f = \frac{\dfrac{a}{V_m^2}(T_f - T_i) + p_i T_f}{T_i} \tag{1-45}$$

三、点火能量

煤矿井下具有多种形式的点火源,如摩擦火花、电气火花、自然发火等,不同的点火源具有不同的点火能量。实验研究和事故案例分析表明,点火源的性质对爆炸极限范围有很大影响,当点火源温度达到了可燃气体的点火温度时,点火源的能量越大,越易点燃可燃气体,如明火能量比一般点火源能量大,所对应的爆炸极限范围就大,而点火花温度虽然高,如果不是连续的,其点火能量就小,所对应的爆炸极限范围也小。同样,点火能量也影响了最终的爆炸压力及压力上升速率等特征参数。

可燃气体爆炸的三要素之一就是有足够能量的点火源,当可燃混合气体从点火源获得超过某一定值的能量时,就被点燃着火。造成瓦斯爆炸的点火源很多,大约有以下几类:明火、热表面、电火花、摩擦和撞击产生的火花、热自燃等。

不同的点火源都对应着一定的点火能量,点火能量对瓦斯爆炸特性具有明显的影响。

要分析点火能量对瓦斯爆炸特性的影响,首先要分析最小能量源点爆瓦斯的过程。关于火花点燃的理论方面,我们注意到火花瞬间建立起来一个很高温度的小气体容积,在火花容积内的温度因热量向周围未燃气体流动而迅速降低,在周围邻近的气体层中,温度上升而引发化学反应,所以形成了近似为球对称向外传播的燃烧波,如图 1-6 所示。燃烧波是否能发展到稳定状态,这取决于起始时温度下降到正常火焰温度左右时着火气体所增至的容积的大小。为使燃烧波能够连续传播,火焰至少扩展至这样的容积,即使核心中的已燃气体和较外层的未燃气体之间的温度梯度具有大致与稳态波情况下温度梯度相同的斜率。若扩展容积太小,则在内部近似呈球形的化学反应区内的释热速率不足以补偿向外部预热未燃气体区放热损失的速率。在这种情况下,向未燃气体散热损失量连续地超过化学反应所得的热量,以致整个反应容积中的温度降低,反应逐渐停止,燃烧波在原有火花周围仅有少量气体燃烧之后就熄灭。

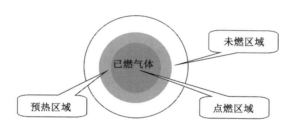

图 1-6　最小火焰模型

从链式反应的角度考虑,瓦斯爆炸的点火过程就是由多个基元反应组合而成的链式反应过程,阿伦尼乌斯指出,只有能量超过一定值(活化能)的分子才能发生化学反应。甲烷爆炸反应的链引发需要一定的能量,以使 C—H 化学键发生断裂产生自由基,而且为了传播火焰,反应速率必须相当快,也就是需要较高的温度,因此必须采用点火源来使低温混合物进入较高温度的爆炸状态。点火能量越大,越容易产生大量的自由基,越容易点爆,爆炸反应也进行得越快。

点火能量越高,越易使内部点燃核心中更多的气体参与反应,从而释放出更多的热量,产生更高的温度用来预热外部未燃区域内的气体,使得外部未燃区域内的气体参与反应,从而使反应持续进行下去,形成爆炸。

在瓦斯爆炸上下限附近,由于可燃物或助燃物分子的减少,两种分子的碰撞频率降低,必须给以更高的点火能量,在更大范围内使得更多的分子参与反应来进行释热,才能更快加热点火区域外部更多的气体,达到一定的反应速率,使反应能够持续进行下去。因此,点火能量越大,爆炸极限范围越宽。

从上述分析可知,点火能量变大,瓦斯更容易被点燃,在一定程度上缩短了瓦斯爆炸点火阶段的时间,从而缩短了瓦斯爆炸的诱导期,即点火能量越大,瓦斯爆炸的诱导期越短。同样,点火能量的变大,也使得瓦斯爆炸达到最大爆炸压力的时间缩短,即爆炸压力上升速率变大。

四、环境湿度

湿度是指空气的干湿程度,即在一定的温度条件下一定体积气体中的水蒸气含量,是衡量气体干燥程度的重要物理量。具有一定湿度的瓦斯气体在煤层气抽采、井下气体等工艺作业过程中广泛存在,其水蒸气的含量往往接近饱和状态,相应组分的分布情况比甲烷-空气混合物更加复杂,影响爆炸特性的因素也更加难以确定[50]。

(一)水参与爆炸链式反应

瓦斯的主要成分是甲烷,达到一定浓度时在空气中具有爆炸性。瓦斯爆炸是一个猛烈而快速的支链反应。高温时,甲烷支链反应如下[51]:

$$CH_4 + M \longrightarrow CH_3 \cdot + H \cdot + M \quad CH_4 + O_2 \longrightarrow CH_3 \cdot + HO_2 \cdot$$

$$O_2 + M \longrightarrow 2O \cdot + M \quad CH_4 + O \cdot \longrightarrow CH_3 \cdot + OH \cdot$$

$$CH_4 + H \longrightarrow CH_3 \cdot + H_2 \quad CH_4 + OH \cdot \longrightarrow CH_3 \cdot + H_2O$$

$$CH_3 \cdot + O \cdot \longrightarrow H_2CO \cdot + H \cdot \quad CH_3 \cdot + O_2 \longrightarrow H_2CO \cdot + OH \cdot$$

$$H_2CO \cdot + OH \longrightarrow HCO \cdot + H_2O \quad HCO \cdot + OH \cdot \longrightarrow CO + H_2O$$

$$CO + OH \cdot \longrightarrow CO_2 + H \cdot \quad H \cdot + O_2 \longrightarrow OH \cdot + O \cdot$$

$$O \cdot + H_2 \longrightarrow OH \cdot + H \cdot \quad O \cdot + H_2O \longrightarrow 2OH \cdot$$

$$H \cdot + H_2O \longrightarrow H_2 + OH \cdot \quad H \cdot + OH \cdot + M \longrightarrow H_2O + M$$

$$CH_3 \cdot + O_2 \longrightarrow HCO \cdot + H_2O \quad HCO \cdot + M \longrightarrow H \cdot + CO + M$$

其中氧基和氢基在高温反应中的出现是引发爆炸反应的基础环节,上述反应出现的一些自由基或自由原子,水分子可以与其作用,如 $H \cdot + H_2O \longrightarrow H_2 + OH \cdot$,$O \cdot + H_2O \longrightarrow 2OH \cdot$,$HO_2 \cdot + H_2O \longrightarrow H_2O_2 + OH \cdot$。这些反应的活化能虽然较高,但是当系统中有很多水分子存在时,这些反应都存在,这些水分子减小了系统的 $H \cdot$、$O \cdot$ 等链载体的浓度,使系统反应活性下降,但更主要的是,非常多的水分子可作为很好的第三体,在瓦斯爆炸性气体中加入水分,就是增强了第三体在瓦斯爆炸反应机理中的作用,如 $H \cdot + CO + M \longrightarrow HCO \cdot + M$,$O \cdot + CO + M \longrightarrow CO_2 + M$,$H \cdot + OH \cdot + M \longrightarrow H_2O + M$。在爆炸的过程中,三元碰撞频率是高于二元碰撞频率的,水分子上转移了很多自由基或自由原子的能量,大大降低了支链反应活性中心的浓度,从而降低了系统的反应能力。而且许多细水雾粒子悬浮于空气中,自由基或自由原子较易与其发生相撞而消失,自由基或自由原子＋水滴──→消毁,使链反应断裂,反应能力下降。所以,瓦斯爆炸的链反应过程可以被水或者水雾抑制,下面的计算会更加证实这个结果。

（二）水参与爆炸反应的数学模型

要定量地理解瓦斯爆炸反应化学动力学中水的作用,需要创建一个能够分析复杂的化学反应系统的数学模型。温度、压力和反应物浓度的变化应在跟随这个模型每个基元反应的速率变化时充分考虑,并应把爆炸过程的质量、动量以及能量的平衡在复杂的化学反应过程中联系起来。

1. 爆炸反应波参数

如果爆炸波以一种恒定的速度向前传播,在波阵面上固定坐标,创建一维爆炸反应波模型[52],如图 1-7 所示。外部热交换和体积力暂不考虑,忽略 Soret 效应、Dufour 效应及成分的扩散,于是,爆炸反应波的一维流动方程为:

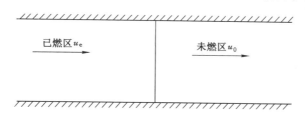

图 1-7　一维爆炸反应波模型

$$\frac{d(\rho u)}{dx} = 0, \rho u \frac{du}{dx} = -\frac{dp}{dx} + \frac{d}{dx}\left(\frac{4}{3}\mu u \frac{du}{dx}\right) \tag{1-46}$$

$$\rho u \frac{d}{dx}\left(h + \frac{u^2}{2}\right) = -\frac{d}{dx}\left(\lambda \frac{dT}{dx}\right) + \frac{d}{dx}\left(\frac{4}{3}\mu u \frac{du}{dx}\right) \tag{1-47}$$

式中,p,ρ,T 和 h 分别为气体的压力、密度、温度和比焓;u 为气流速度;μ 和 λ 分别为气体的黏性系数和导热系数。

如果燃烧区和未燃区的速度、温度梯度都为零,一维流动方程可以通过以下方式获得爆炸反应前和反应后的系统状态之间的关系:

$$\frac{p_0}{p_e} = 1 - \gamma_e\left(\frac{\rho_e}{\rho_0} - 1\right) \tag{1-48}$$

$$h_e = h_0 + \frac{1}{2} n_e \overline{R} T_e \gamma_e \left(\frac{\rho_e}{\rho_0}\right)^2 - 1 \tag{1-49}$$

式中，$\gamma_e = \left(\dfrac{\partial \ln p}{\partial \ln \rho}\right)_e$；$\overline{R}$ 为普适气体常数；n_e 为单位质量气体总物质的量；下标"0"和"e"分别为反应前和反应后的状态。

可由式(1-48)和式(1-49)确定爆炸波传播后系统的焓变 Δh，当系统释放的化学能 Q_{ch} 小于焓变 Δh 时，反应物不会再发生爆炸，其中，Q_{ch} 依据化学平衡计算就能得到。

2. 化学反应

水参与的瓦斯爆炸的支链有 60 余种基元反应，中间产物有近 20 种化学成分。如果上述系统中组元数记为 N，基元反应有 j 种，化学反应方程式能表达为下式：

$$\sum_{i=1}^{N} \alpha_{ij} A_i = \sum_{i=1}^{N} \beta_{ij} A_i \quad (i = 1, 2, 3, \cdots, N) \tag{1-50}$$

式中，α_{ij} 和 β_{ij} 分别为第 j 个基元反应中等式两边第 i 种组元前面的化学当量系数。第 j 个基元反应的反应速率为 $R_j = K_j \left(\dfrac{\rho}{M}\right)^L \prod\limits_{i=1}^{N} \left(\rho \dfrac{w_i}{M_i}\right)^{\alpha_{ij}}$，其中 w_i 和 M_i 分别为第 i 种组元的质量分数和摩尔质量；$\overline{M}$ 为平均分子量；L 显示了水作为第三体对反应的作用，如果考虑水仅对爆炸反应产生影响但又不会发生化学变化，单作为第三体时，L 取 1，否则取 0；K_j 为反应速度常数，运用阿伦尼乌斯定律 $K_j = A_j T^{B_j} \exp[-E_j/(\overline{R}T)]$，$A_j$、$B_j$ 和 E_j 为相对应的基元反应动力学参数，能在相关数据表中查到。

3. 化学平衡计算方法

由式(1-46)、式(1-47)确定系统爆炸后的状态，应首先通过化学平衡计算，得到释放出的化学能。所以，化学平衡计算运用 White 等人提出的最小自由能法。确定的压力、温度下，体系的吉布斯自由能最小时可达到平衡，平衡条件为：

$$dG = \sum_{i=1}^{N} \mu_i \frac{dw_i}{M_i} = 0 \quad (d^2 G > 0) \tag{1-51}$$

式中，G 为单位质量混合物的吉布斯自由能；μ_i 为 i 组元的化学势，$\mu_i = \mu_i^0 + \overline{R}T\ln(n_i/n) + \overline{R}T\ln p$；$\mu_i^0$ 为 i 组元在标准状态下的化学势；n_i 为反应过程中 i 组元的物质的量；n 为反应物反应过程中的总物质的量，当反应终止时 $n = n_e$。

如果上述 N 种组元混合物中共含 K 种元素，混合物中第 k 种元素的物质的量分数为 x_k，于是，体系质量不变条件可表示为下式：

$$\sum_{i=1}^{N} \alpha_{ik} n_i - x_k^0 = 0 \quad (k = 1, 2, 3, \cdots, K) \tag{1-52}$$

式中，α_{ik} 为 k 元素在 i 组元中的摩尔原子数。于是式(1-51)和式(1-52)构成了一个数学上的条件极值问题,能用拉格朗日不定乘子法求解。用拉格朗日不定乘子 λ_k 乘以式(1-51)再与式(1-52)相加可得:

$$\mu_i + \sum_{k=1}^{K} \lambda_k \alpha_{ik} = 0 \quad (i = 1, 2, 3, \cdots, N) \tag{1-53}$$

现在,由式(1-52)代表的 K 个方程和式(1-53)代表的 N 个方程,可求出 N 个组元的物质的量 n_i 和 K 个不定乘子 λ_k。

参 考 文 献

[1] 冯长根.热爆炸理论[M].北京:科学出版社,1988.

[2] 俞启香.矿井瓦斯防治[M].徐州:中国矿业大学出版社,1992.

[3] 胡耀元,周邦智,杨元法,等.H_2,CH_4,CO 多元爆炸性混合气体的爆炸极限及其容器因素[J].中国科学(B辑),2002,32(1):35-39.

[4] 刘向军,陈昊.初始压力对矿井瓦斯爆炸过程影响的理论研究[J].矿冶,2006,15(1):5-9.

[5] 罗振敏,邓军,郭晓波.基于 Gaussian 的瓦斯爆炸微观反应机理[J].辽宁工程技术大学学报(自然科学版),2008,27(3):325-328.

[6] 邓军,李会荣,杨迎,等.瓦斯爆炸微观动力学及热力学分析[J].煤炭学报,2006,31(4):488-491.

[7] 董刚,刘宏伟,陈义良.通用甲烷层流预混火焰半详细化学动力学机理[J].燃烧科学与技术,2002,8(1):44-48.

[8] 徐景德.我国煤矿瓦斯爆炸的研究现状与发展方向[J].华北科技学院学报,2003,5(2):5-8.

[9] SUN P D. Study on the mechanism of interaction for coal and methane gas [J]. Journal of coal science & engineering(China),2001,7(1):58-63.

[10] NORMAN F, VAN DEN SCHOOR F, VERPLAETSEN F. Auto-ignition and upper explosion limit of rich propane-air mixtures at elevated pressures[J]. Journal of hazardous materials,2006,137(2):666-671.

[11] RAZUS D, BRINZEA V, MITU M, et al. Explosion characteristics of LPG-air mixtures in closed vessels[J].Journal of hazardous materials,2009,165(1/2/3):1248-1252.

[12] AJRASH AL-ZURAIJI M J, ZANGANEH J, MOGHTADERI B. Impact of suspended coal dusts on methane deflagration properties in a large-scale straight duct[J].Journal of hazardous materials,2017,338:334-342.

[13] KUNDU S K, ZANGANEH J, ESCHEBACH D, et al. Explosion severity of methane-coal dust hybrid mixtures in a ducted spherical vessel[J]. Powder technology,2018,323:95-102.

[14] DUPONT L,ACCORSI A.Explosion characteristics of synthesised biogas at various temperatures[J].Journal of hazardous materials,2006,136(3): 520-525.

[15] RAZUS D, BRINZEA V,MITU M,et al. Temperature and pressure influence on explosion pressures of closed vessel propane-air deflagrations [J].Journal of hazardous materials,2010,174(1/2/3):548-555.

[16] AJRASH AL-ZURAIJI M J,ZANGANEH J,MOGHTADERI B. Deflagration of premixed methane-air in a large scale detonation tube[J]. Process safety and environmental protection,2017,109:374-386.

[17] MITTAL M. Explosion pressure measurement of methane-air mixtures in different sizes of confinement[J].Journal of loss prevention in the process industries,2017,46:200-208.

[18] 李润之.点火能量与初始压力对瓦斯爆炸特性的影响研究[D].青岛:山东科技大学,2010.

[19] 刘震翼,李浩,邢冀,等.不同温度下原油蒸气的爆炸极限和临界氧含量[J]. 化工学报,2011,62(7):1998-2004.

[20] 王海燕,张雷,郭增乐.基于自研设备高温源诱发甲烷爆炸特性研究[J].工矿自动化,2019,45(5):11-15.

[21] 卢捷.多元混合气体爆炸特性与安全控制研究[D].北京:北京理工大学,2003.

[22] 李成兵,吴国栋,周宁,等.$N_2/CO_2/H_2O$ 抑制甲烷燃烧数值分析[J].中国科学技术大学学报,2010,40(3):288-293.

[23] 余明高,安安,游浩.细水雾抑制管道瓦斯爆炸的实验研究[J].煤炭学报, 2011,36(3):417-422.

[24] 刘晅亚,陆守香,秦俊,等.水雾抑制气体爆炸火焰传播的实验研究[J].中国安全科学学报,2003,13(8):71-77.

[25] 刘晅亚,陆守香,朱迎春.水雾作用下甲烷/空气预混火焰的光谱特性[J].燃烧科学与技术,2008,14(1):44-49.

[26] 李成兵,吴国栋,经福谦.水蒸气抑制甲烷燃烧和爆炸实验研究与数值计算 [J].中国安全科学学报,2009,19(1):118-124.

[27] 谭汝媚,张奇,黄莹.环境湿度对环氧丙烷蒸气爆炸参数的影响[J].高压物

理学报,2013,27(3):325-330.

[28] 裴蓓,李杰,余明高,等.CO₂-超细水雾对瓦斯/煤尘爆炸抑制特性研究[J].中国安全生产科学技术,2018,14(8):54-60.

[29] 李树刚,李孝斌,林滢,等.矿井瓦斯爆炸感应期内光学特征实验研究[J].煤炭学报,2007,32(2):163-167.

[30] 傅志远,谭迎新.多元可燃性混合气体临界氧浓度的测定[J].工业安全与环保,2004,30(12):25-27.

[31] 邓军,程方明,罗振敏,等.湍流状态下甲烷爆炸特性的实验研究[J].中国安全科学学报,2008,18(8):85-88.

[32] 谢溢月,谭迎新,孙彦龙.湍流状态下甲烷爆炸极限的测试研究[J].中国安全科学学报,2016,26(11):65-69.

[33] 张引合,张延松,任建喜.煤尘对低浓度瓦斯爆炸的影响研究[J].矿业安全与环保,2006,33(6):20-21.

[34] SMIRNOV N N,PANFILOV I I.Deflagration to detonation transition in combustible gas mixtures[J].Combustion and flame,1995,101(1/2):91-100.

[35] MOLKOV V,VERBECKE F,MAKAROV D.LES of hydrogen-air deflagrations in a 78.5-m tunnel[J].Combustion science and technology,2008,180(5):796-808.

[36] JIANG B Y,LIN B Q,SHI S L,et al. Numerical analysis on influence of initial pressure on attenuation characteristics of gas explosion[C]// 2011 International conference on consumer electronics, communications and networks (CECNet). IEEE,XianNing,China:2011.

[37] 陈林顺.沸腾液体膨胀蒸气爆炸和蒸气云爆炸事故的分析和模拟[D].北京:北京理工大学,2001.

[38] 罗振敏,张群,王华,等. 基于 FLACS 的受限空间瓦斯爆炸数值模拟[J].煤炭学报,2013,38(8):1381-1387.

[39] 罗振敏,苏彬,程方明,等. 基于 FLACS 的煤矿巷道截面突变对瓦斯爆炸的影响数值模拟[J]. 煤矿安全,2018,49(1):183-186.

[40] 吴兵,张莉聪,徐景德.瓦斯爆炸运动火焰生成压力波的数值模拟[J].中国矿业大学学报,2005,34(4):423-426.

[41] 梁运涛.封闭空间瓦斯爆炸过程的反应动力学分析[J].中国矿业大学学报,2010,39(2):196-200.

[42] 李艳红,贾宝山,曾文,等.受限空间初始压力对瓦斯爆炸反应动力学特性

的影响[J].辽宁工程技术大学学报(自然科学版),2011,30(5):697-701.

[43]严清华.球形密闭容器内可燃气体爆炸过程的数值模拟[D].大连:大连理工大学,2004.

[44]许满贵,徐精彩.工业可燃气体爆炸极限及其计算[J].西安科技大学学报,2005,25(2):139-142.

[45]严传俊,范玮.燃烧学[M].西安:西北工业大学出版社,2005.

[46]伯纳德·刘易斯,京特·冯·埃尔贝.燃气燃烧与瓦斯爆炸[M].王方,译.北京:中国建筑工业出版社,2007.

[47]赵衡阳.气体和粉尘爆炸原理[M].北京:北京理工大学出版社,1996.

[48]晨晓霓,刘斌,胡婷婷,等.瓦斯爆炸极限及其热力学分析计算[J].山西师范大学学报(自然科学版),2008,22(4):63-65.

[49]马青兰.物理化学[M].徐州:中国矿业大学出版社,2002.

[50]刘丹,司荣军,李润之.环境湿度对瓦斯爆炸特性的影响[J].高压物理学报,2015,29(4):307-312.

[51]徐锋,朱丽华,李定启.细水雾技术在抑制瓦斯爆炸中的应用[J].工业安全与环保,2009,35(8):39,62.

[52]陆守香,何杰,于春红,等.水抑制瓦斯爆炸的机理研究[J].煤炭学报,1998,23(4):417-421.

第二章　特殊环境条件下瓦斯爆炸特性实验技术

瓦斯只有在爆炸极限范围内才能引起爆炸,当在爆炸极限范围内的瓦斯气体从点火源处得到超过某一阈值的能量时,混合气体会在瞬间发生剧烈爆炸。理论认为瓦斯的爆炸极限为5%～16%,但瓦斯爆炸极限不是物质的固有属性,它与环境条件有着很大关系。因此,研究不同环境条件下瓦斯爆炸特性的变化规律具有重要的现实意义。在瓦斯爆炸特性实验研究方面,许多学者运用相关测试装置对甲烷等可燃性气体的爆炸极限进行了测试研究,但对不同环境条件对瓦斯爆炸特性的影响研究较少。目前,在特殊环境条件下瓦斯爆炸特性实验研究方面,大都无统一的测定标准以及设立标准的有力依据。我国目前在特殊环境条件下瓦斯等可燃气体爆炸特性的实验研究方面,也无统一的标准规定可循。

第一节　常规条件下瓦斯爆炸特性实验技术

一、可燃气体爆炸极限实验装置

（一）实验装置

《空气中可燃气体爆炸极限测定方法》(GB/T 12474—2008)[1]中规定了可燃气体在空气中爆炸极限的测定方法,适用于常压下可燃气体在空气中爆炸极限的测定,但该标准不适用于高温、高压或高点火能量等特殊环境条件下气体爆炸特性方面的研究。

依据 GB/T 12474 所建立的可燃气体爆炸极限实验装置如图 2-1 所示。装置主要由反应管、点火装置、搅拌装置、真空泵、压力计、电磁阀等组成。反应管用硬质玻璃制成,管长 1 400 mm±50 mm,管内径为 60 mm±5 mm,管壁厚度≥2 mm。管底部装有通径不小于 25 mm 的泄压阀。装置安放在可升温至 50 ℃的恒温箱内。恒温箱前后各有双层门,一层为钢化玻璃,一层为有机玻璃,用以观察实验并起保护作用。

图 2-1　可燃气体爆炸极限实验装置

（二）实验方法

1. 检查实验装置的密闭性

将装置抽真空至不大于 667 Pa(5 mmHg)的真空度,然后停泵,5 min 后压力计压力降不大于 267 Pa(2 mmHg),则认为密闭性符合要求。

2. 配制混合气

用分压法配制混合气,也可使用其他能准确配气的方式配制混合气。

3. 搅拌

为了使反应管内可燃气在空气中均匀分布,配好气后利用无油搅拌泵搅拌 5～10 min。

4. 点火

停止搅拌后打开反应管底部泄压阀,然后点火,观察是否出现火焰。点火时恒温箱的玻璃门均应处于关闭状态。

用渐进法通过测试确定极限值。测定爆炸下(上)限时,如果在某浓度下未发生爆炸现象,则增大(减小)可燃气体浓度直至测得能发生爆炸的最小(大)浓度;如果在某浓度下发生爆炸现象,则减小(增大)可燃气体浓度直至测得不能发生爆炸的最大(小)浓度。测量爆炸下限时样品改变量每次不大于上次进样量的 10%,测量爆炸上限时样品改变量每次不大于上次进样量的 2%。

每次实验后要用湿度低于 30% 的清洁空气冲洗实验装置。反应管壁及点火电极如有污染应进行清洗。

新组装的测定装置应进行不少于 10 次预实验,再进行正式测定。

5. 实验结果

通过点火的重复性操作,测得最接近的火焰传播和不传播两点的浓度,并按下式计算爆炸极限值：

$$\varphi = \frac{1}{2}(\varphi_1 + \varphi_2)$$

式中，φ 为爆炸极限；φ_1 为传播浓度；φ_2 为不传播浓度。

（三）爆炸判据

实验中出现以下现象均认为发生了爆炸：

（1）火焰非常迅速地传播至管顶；

（2）火焰以一定的速度缓慢传播；

（3）在放电电极周围出现火焰，然后熄灭，这表明爆炸极限在这个浓度附近。在这种情况下，至少重复这个实验 5 次，有 1 次出现火焰传播。

二、1 m³ 爆炸特性实验装置

（一）实验装置

《空气中可燃气体爆炸指数测定方法》（GB/T 803—2008）[2]中规定了在密闭容器内可燃气体与空气混合气体爆炸指数的测定方法，并给出了用其他实验方法测定爆炸指数时应遵循的准则。

依据 GB/T 803 中的规定，所采用的实验装置为 1 m³ 爆炸特性实验装置，其主要部分是一个容积为 1 m³ 的圆柱形容器，如图 2-2 所示。其长度与直径之比为 1∶1。一个近似容量为 5 L 的气瓶，可以用空气加压到 2 MPa，通过快速动作阀门和内径为 19 mm 的钢管连接到 1 m³ 的爆炸容器内。快速动作阀门应在 10 ms 内打开，将 5 L 气瓶内的高压空气喷入 1 m³ 容器内。该阀与 1 m³ 爆炸容器内内径为 19 mm 的半圆形管连接，半圆形管上钻有若干个直径为 4～6 mm 的小孔，小孔的总面积约为 300 mm²。

图 2-2　1 m³ 爆炸特性实验装置

混合气采用电火花点燃,测量爆炸容器压力的压力传感器与记录仪相连。

(二) 实验步骤

1. 静态混合气体爆炸实验

在 1 m³ 容器内配制混合气,例如采用分压配制法,使该混合气的压力达到大气压力。应保证该混合气浓度的准确性和均匀性,并确保混合气处于静止状态。启动压力记录仪,然后开启点火源进行爆炸实验。每次实验完成后,应采用压缩空气吹洗爆炸容器。

在宽的气体浓度范围内进行静止混合气的爆炸实验,得到爆炸指数 p_m(单位 Pa)、爆炸指数 K(单位 Pa·m/s)与可燃气体浓度(单位%,体积分数)之间的变化关系曲线。利用曲线分别确定出爆炸指数 p_{max} 和爆炸指数 K_{max},见图 2-3。其中,p_m 是指容器内爆炸过程中,相对于点火时压力的最大超压值;K 是指由容器的容积 V 和爆炸时最大压力上升速率 $(dp/dt)_m$,按公式 $K = (dp/dt)_m \times V^{1/3}$ 所确定的常数。

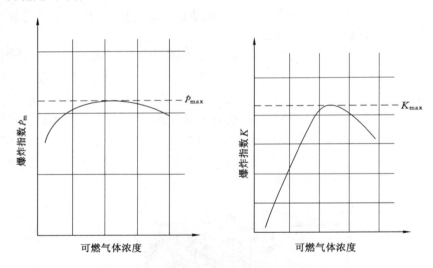

图 2-3　静态混合气的 p_{max} 和 K_{max}

2. 紊流混合气体爆炸实验

在 1 m³ 容器内配制混合气,用空气将 5 L 气瓶内的气体加压至 2 MPa,启动压力记录仪,然后启动快速动作阀门,继之开启点火源。

到达选定的紊流指数 t_v 时点火,使紊流的混合气爆炸,见图 2-4。在 GB/T 803 中,紊流指数 t_v 指的是开始向容器喷射气体和点火起始之间的时间间隔。它表示点火瞬间的紊流程度。

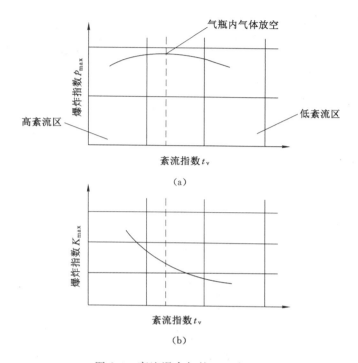

图 2-4 紊流混合气的 p_{max} 和 K_{max}

在宽的气体浓度范围内进行紊流混合气的爆炸实验,得到爆炸指数 p_m(单位 Pa)、爆炸指数 K(单位 Pa·m/s)与可燃气体浓度(单位%,体积分数)之间的变化关系曲线。利用曲线分别确定出爆炸指数 p_{max} 和爆炸指数 K_{max},见图 2-3。

三、20 L 可燃气体爆炸特性实验装置

(一)实验装置

目前国际上普遍采用 20 L 球形/近球形实验装置来进行可燃性粉尘爆炸下限浓度的测定。如美国标准 ASTM E1515-14[3] 中,采用 20 L 近球形实验装置,如图 2-5 所示;欧盟标准 EN 14034-3[4] 中,采用 20 L 球形实验装置,如图 2-6 所示。该类装置主体为 20 L 爆炸罐体,通过喷尘系统将可燃性粉尘喷入爆炸罐体内形成粉尘云,通过点火系统对爆炸罐体内一定浓度的粉尘云进行点火,通过数据采集系统采集爆炸过程中的压力数据。该类装置亦可用于可燃性气体爆炸极限及爆炸压力的测定。

(二)实验步骤

(1)实验前校准传感器,并将压力传感器及其他辅助设备与爆炸罐连接为一整体,实验前各阀门处于关闭状态。

图 2-5   20 L 近球形爆炸特性实验装置

图 2-6   20 L 球形爆炸特性实验装置

（2）开启数据采集装置，并与爆炸罐体相连。

（3）打开顶盖将点火头固定在爆炸罐中心部位，关闭爆炸罐上盖（或采用电点火）。

（4）开启真空泵，对罐体进行抽真空操作。

（5）通过压力配比法或气囊配气法配制一定浓度的瓦斯-空气混合气体，关闭相应阀门。

（6）启动数据采集系统开始实验，点火并采集、记录、保存、打印实验数据。

（7）打开罐体卸气阀并开启真空泵，进行空气置换，准备下一次实验。

（三）爆炸判据

在进行爆炸极限的测定实验时，判断瓦斯是否发生爆炸的准则参考美国标准材料实验协会 ASTM E918-83[5] 的规定，即将点火后压力升高 7% 或以上作为发生爆炸的判断依据。

爆炸极限实验测量方法参照《空气中可燃气体爆炸极限测定方法》,利用渐近法测试瓦斯在空气中的爆炸极限。如果瓦斯-空气混合气体发生爆炸,则升高瓦斯浓度(瓦斯爆炸上限实验)或降低瓦斯浓度(瓦斯爆炸下限实验),直至瓦斯不再发生爆炸。如果瓦斯-空气混合气体未发生爆炸,则降低瓦斯浓度(瓦斯爆炸上限实验)或升高瓦斯浓度(瓦斯爆炸下限实验),直至瓦斯发生爆炸。

四、其他实验装置

除上述实验装置以外,也有使用其他反应装置来进行可燃气体爆炸特性研究的,如魏永生等[6]曾用容积为 13.25 L 的长圆柱体形耐高压反应容器对水煤气与空气混合时煤气的爆炸极限与所含各组分浓度之间的关系进行研究。对于同一种可燃气体,采用上述不同的实验方法测试时,得到的实验结果均存在一定的差异。

第二节　特殊环境条件下瓦斯爆炸特性实验技术

要进行高温、高压等特殊环境条件下瓦斯等可燃气体的爆炸特性实验研究,其首要任务是实现不同的环境条件。采用 GB/T 12474 建立的可燃气体爆炸极限实验装置为一长度约为 1 400 mm 的玻璃管,很难实现较大的承压,且不易对反应容器进行高温加热,因此无法实现高温、高压的环境条件;采用 GB/T 803 建立的 1 m³ 爆炸特性实验装置,由于爆炸罐体体积太大,也不易对反应容器进行高温加热。因此,考虑到装置的可操作性,宜对 20 L 爆炸特性测试装置进行改进,以实现不同的环境条件。

一、实验设备

为进行特殊环境条件下的瓦斯爆炸特性实验,对 20 L 爆炸特性测试装置进行改进,使其成为特殊环境条件下气体爆炸特性实验系统,装置实物图及其系统组成示意图分别如图 2-7 和图 2-8 所示,主要包括配气系统、抽真空系统、点火系统、温度控制系统、数据采集系统及加湿系统等。爆炸容器连接有压力传感器、温度传感器,并与控制系统相连。控制系统通过时序电路控制加温系统、配气系统、点火系统等,并通过无线监控传输器与高频数据采集系统相连。实验装置主要技术指标如表 2-1 所列。

(一)爆炸罐体

爆炸罐体容积为 20 L,是进行瓦斯爆炸特性实验的主体部分。其上连接有点火电极;其下通过气粉两相阀连接 1 路甲烷气体、2 路空气;中间部位一侧连接有排气及抽真空装置,一侧连接有温度传感器及压力传感器。爆炸罐体含有夹层,它依靠夹层中的高温导热油和内置的干烧加热器可以加热罐体内部的混合气体,使气体处于实验要求的环境温度状态。

图 2-7　特殊环境条件下气体爆炸特性实验系统

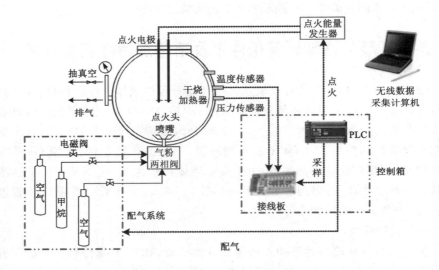

图 2-8　实验系统组成示意图

表 2-1　特殊环境条件下气体爆炸特性实验系统技术指标

序号	系统工艺	技术指标
1	爆炸罐体	20 L,球形
2	最高工作温度	200 ℃
3	压力测量范围	−0.1～4.0 MPa,分辨率:0.01 MPa
4	温度测控范围	室温～200 ℃,分辨率:0.1 ℃
5	点火方式	化学点火:10 kJ,高压点火:10 J
6	配气方式	真空比例配气
7	配气精度	±0.1%
8	配气路数	3路

爆炸罐体设计承压 4.0 MPa,可实现不同高压环境下的瓦斯爆炸特性实验。若想实现更高承压条件下的爆炸特性实验,可重新设计爆炸罐体的承压能力。

（二）点火系统

点火系统主要由高能电火花能量发生器、点火电极等组成。高能电火花能量发生器采用高压脉冲点火方式,点火能量范围为 1 mJ～1 000 J,以实现不同点火能量条件下的爆炸特性实验。该装置如图 2-9 所示。

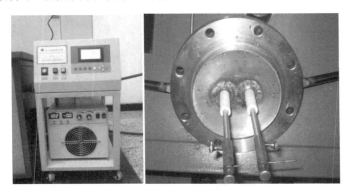

图 2-9　点火系统图

（三）配气系统

实验配气系统如图 2-10 和图 2-11 所示。存储甲烷(1 路)、空气(2 路)的高压气瓶放置于气瓶柜中,高压气瓶漏气易造成爆炸危险,因此气瓶柜设有报警、排气功能以保证实验室安全。高压气瓶最高承压 15.0 MPa。高压气瓶与实验装置的控制箱直接相连,由实验测试软件控制电磁阀,电磁阀直接控制实验容器内各气体组分的进气量,通过压力配比法,实现不同条件下瓦斯-空气混合气体的配置。

图 2-10　高压气瓶　　　　　　　　　　图 2-11　电磁开关

（四）数据采集系统

在进行瓦斯爆炸特性实验时，需对实验的瓦斯浓度以及爆炸过程中的温度、压力等参数进行测定，这就需要用到数据采集系统。实验过程中采用压阻式压力传感器对爆炸压力波进行测定，压力传感器如图2-12所示。实验前对传感器进行统一标定。采用GJG100H(B)型红外甲烷传感器进行甲烷浓度的测量，红外甲烷传感器如图2-13所示。实验中利用甲烷传感器检测配气过程中甲烷和空气的混合比例，并对预混气体的浓度进行多次监测，以确保实验的准确性，最后通过软件进行数据的采集分析。

图2-12　压力传感器　　　　　　　图2-13　红外甲烷传感器

（五）加温系统

测试系统的爆炸罐体采用两种加热方式进行加热升温，分别为设置在罐体内部的干烧加热器和外部的油浴夹层。

内部干烧加热器用于对罐体进行快速升温，罐体内温度最高可达200 ℃，且干烧加热器不会产生明火，在此温度下，不会直接点燃甲烷-空气混合气体。干烧加热是一种快速加热装置，但存在加热不均匀及散热较快的缺点。

外部油浴夹层可对整个罐体进行缓慢升温，保证了整个罐体内温度的均匀性。在温度达到了设定温度后，可设置10 min的恒温时间，在此期间，罐体内的温度能够保持恒定。油浴加热可改善爆炸罐体的热传递性能，使爆炸罐体内均匀受热，减小气体与壁面的温度差，使气体温度不易通过壁面散失，同时热量损失较缓慢。

（六）加湿系统

环境湿度是指在一定的温度条件下一定体积气体中的水蒸气含量，是衡量气体干燥程度的重要物理量。实验过程中配备湿度发生器对环境湿度进行控制，气体湿度发生器如图2-14所示。气体湿度发生器通过声波雾化装置对爆炸罐体内的气体进行加湿,以实现不同的湿度条件。气体湿度发生器通过管路直接与爆炸罐体相连接,通过管路上的电磁阀控制高湿气体的进出。相比较湿度记录仪、加湿器等控制湿度的方法,气体湿度发生器对环境湿度的控制更为精确,可在相对湿度为10%～95%范围内精确控制。

图 2-14　气体湿度发生器

二、实验步骤

(1)实验前首先校准传感器,并检查压力传感器、温度传感器及其他辅助设备与爆炸罐体的连接情况,检查实验测试系统的各个部分,确保各个阀门都处于关闭状态。

(2)开启点火能量发生器,需要时启动加热系统、加湿系统。

(3)启动数据采集存储系统,连接计算机并对其进行校准。

(4)开启真空泵,将罐体抽成真空。

(5)配制相应浓度的甲烷-空气(湿度实验需零级空气)混合气体,将其充入爆炸罐体内。

(6)利用红外甲烷传感器监测罐体内的甲烷浓度,利用数据采集系统监测爆炸容器内的环境压力和环境温度。

(7)通过分别调节加温系统、配气系统、加湿系统以及点火系统等,使罐体内的环境温度、环境压力、环境湿度以及点火能量达到环境调节变化范围的要求。

(8)控制数据采集系统,进行点火。

(9)保存实验数据,打开罐体卸气阀并开启真空泵,进行换气,准备下一次实验。

三、爆炸判据

在进行爆炸极限测定实验时,判断瓦斯是否发生爆炸的准则参考美国标准材料实验协会 ASTM E918-83 的规定,即将点火后压力升高 7% 或以上作为发生爆炸的判断依据。

第三节　超低温环境条件下瓦斯爆炸特性实验技术

一、系统工作原理

在低浓度含氧煤层气利用过程中,一直阻碍其大规模利用的主要因素是煤层气中可燃气体浓度太低,容易使其处于爆炸极限范围之内。深冷液化工艺过程中的低温精馏液化单元主要是在精馏塔内进行的,此时煤层气处于低温环境,甲烷可能会处于爆炸极限范围之内,其利用的安全性难以得到保证[7]。为研究超低温环境条件下的瓦斯爆炸特性变化规律,就需要用到超低温环境爆炸特性实验装置,其核心问题是,如何实现超低温的环境条件,以及如何在此条件下对爆炸性混合气体进行点火爆炸的测试分析。

为此,研制了超低温环境条件下气体爆炸特性测试系统,其主体装置是 20 L 爆炸罐体,罐体内充装配制好的相应浓度的可燃气体-空气混合气体,同时为了模拟低温环境,在罐体内有一组不锈钢盘管,以实现对罐体内的可燃气体-空气混合气体进行降温的目的。首先将爆炸罐体进行抽真空,再向罐体充装可燃气体,关闭气体充装阀门。然后将液氮从杜瓦瓶流出,经爆炸罐体的液氮进口阀进入罐体内的盘管,盘管被冷却,利用盘管与罐体内的可燃气体-空气混合气体进行热交换。同时,在爆炸罐体外部夹层中通入液氮,利用夹层和盘管对瓦斯混合气内外同时进行降温,提高降温速度。为了防止冷量的损失,在罐体周围包裹一层厚约 80 mm 的聚氨酯保冷层。为了观察罐体内的温度和压力,在罐体顶端安装有热电阻和压力变送器,并连接相应的数显仪表,实现对罐体内温度、压力的实时监控。因用于爆炸测试的压力传感器要求其动态响应性非常好,因此在罐体顶部同时安装了一只压电式动态压力传感器,用于测量爆炸压力以及爆炸压力上升速率两项参数。爆炸实验的点火操作和数据采集均在监控电脑上实现,使其实验人员可远离爆炸源,有效保证了人身安全。同时在爆炸罐体的上部设置爆破片作为安全泄压装置。

二、实验设备

超低温条件下气体爆炸特性测试系统实物图及结构组成分别如图 2-15 和图 2-16 所示,主要包括爆炸罐体和分别与爆炸罐体连接的降温系统、数据采集系统、点火系统、配气系统五部分。

图 2-15　超低温环境条件下气体爆炸特性实验系统实物图

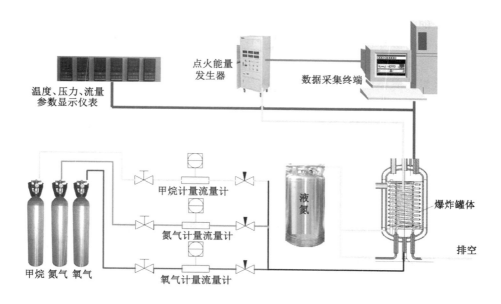

图 2-16　超低温条件下气体爆炸特性测试系统结构图

（一）爆炸罐体

爆炸罐体是进行爆炸实验的主要设备,也是爆炸的直接承压设备。因爆炸罐体用于进行低温环境下的爆炸实验,所以整个罐体外层利用珠光砂进行了隔冷处理。罐体内部具有环形盘管,利用盘管对罐体内气体进行降温。同时在罐体外部具有一夹层,通过往夹层充装液氮,使其达到加速降温的目的。爆炸罐体设有夹持器一体爆破片作为安全泄压口,用以防止爆炸罐体内气体压力超压所造成的安全隐患。爆炸罐体容积为 20 L,圆柱形,承压≥25.0 MPa。

（二）降温系统

降温系统用于对整个爆炸罐体进行降温及保温,主要包括液氮储存罐、连接管路、罐体密封夹层及外部保温层等。

爆炸罐体内的混合气体,需要降至-145～-181 ℃的温度区间。在这里利用液氮的沸点为-196 ℃,采用液氮制冷。在爆炸罐体内部焊接两组不锈钢盘管,液氮流经盘管,实现与爆炸罐体内混合气体的热交换。在爆炸罐体外部夹层中通入液氮,利用夹层和盘管对瓦斯混合气体内外同时降温,提高降温速度。对爆炸罐体设计了外部壳体,再在壳体与爆炸罐体之间利用聚氨酯进行绝热保冷。

（三）数据采集系统

数据采集系统用于爆炸实验过程中可燃气体爆炸各特征参数数据以及环境参数数据的测试及采集,主要包括压力传感器、测温热电阻和数据采集装置,所测主要参数有爆炸压力、最大压力上升速率、环境温度、环境压力及可燃气体浓度值。

一旦爆炸罐体内发生爆炸,罐体内压力在短时间内发生急剧增长,压电式动态传感器因为较高的响应频率和极短的响应时间,能及时正确地将整个压力上升过程的数据进行采集,并经高速数据采集卡传输至电脑,实现数据的监测和存储。

（四）点火系统

点火系统用于对罐体内的可燃气体进行点火。点火系统所产生的点火能量从 10 mJ～400 J 不同等级连续可调,火花杆用于实现爆炸罐体内待测可燃气体的点燃,能够承受爆炸罐体内可变的环境条件及由于可燃气体爆炸所产生的高温高压条件,并能够实现密封,保证不从火花杆处向罐体外部漏气。高能电火花能量发生器如图 2-17 所示。

（五）配气系统

配气系统用于进行不同可燃气体浓度或不同氧含量的可燃混合气体的制备,主要包括甲烷存储系统、氧气存储系统和氮气存储系统,各存储系统分别通过流量计与爆炸罐体连接,采用流量计来实现对充装气体组分的控制。

三、实验步骤

（一）实验前的检查

每次实验前首先对实验整套装置进行安全性检查。

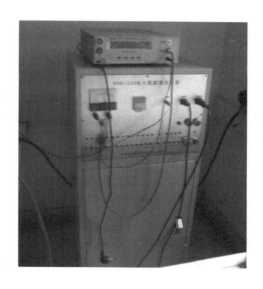

图 2-17　高能电火花能量发生器

（1）电源线路检查。检查所有电源回路的连接是否可靠，以及电源电压、电流值是否符合设备的工作电压、电流。

（2）待电源线路等检查无误后，接通电源，观察各个设备是否正常工作。若出现错误现象，需断开电源检修。

（3）对爆炸罐体与连接管路进行气密性检查。

（二）设置警戒带

在完成实验前的准备工作后进入预冷实验实施步骤，首先在以实验罐体为中心，半径为 10 m 的范围处架设警戒带。

（三）爆炸罐体预冷

为加快整个降温过程，需先对爆炸罐体进行充分的预冷。首先分别连接好液氮与爆炸罐体夹层、爆炸罐体内部制冷盘管、爆炸罐体内容积的连接管道。将液氮引入相应管路内，对爆炸罐体进行持续降温。

（四）实验气体充装

对爆炸罐体进行抽真空，使爆炸罐体内气体压力达到 0.02 MPa(A)，罐体压力显示仪表显示为 0.02 MPa(A)。

在对爆炸罐体抽真空完成后随即对爆炸罐体进行气体充装。气体充装的顺序依次为甲烷、氮气、氧气。在降温过程中，因气体物理性质的原因，气体压力会发生变化，因此对爆炸罐体实验气体的充装需多次进行。

（五）实验气体降温

实验气体的降温，是通过将液氮输送至爆炸罐体夹层以及罐体内盘管来实现的。为保证夹层液氮与罐体进行充分的热交换，最大化地利用液氮冷量，待夹层液氮汽化压力达到 0.8 MPa 时，通过手动开启夹层上部氮气排空阀，排空夹层的氮气，进行下一次液氮充装作业，同时不断地往罐体内盘管输送液氮，以达到对罐体内气体同时降温的功能。通过如此反复的作用实现对实验气体降温的目的，直至达到实验要求的温度。

（六）气体取样分析

充装实验气体后，在对爆炸罐体内实验气体进行持续降温过程中，罐内温度每降低 10 ℃，即进行一次取样分析操作，并记录分析结果，以分析甲烷混合物在不同温度下的组分变化情况。

在达到实验条件时，对罐体内低温气体取样进行色谱分析，手动缓慢开启爆炸罐体顶部取样阀门，使得取样气体以较小流量、较低气压通过取样管进入气相色谱分析仪内进行气体组分分析。

（七）进行点火操作

（1）关闭爆炸罐体与外界联系的所有管道接口，并将液氮盘管排空阀与夹层液氮排空阀打开。

（2）记录此时爆炸罐体的温度、压力和气体组分。

（3）在测试系统上进行点火操作，点火能量分别由小至大逐级增大。

四、爆炸判据

判断瓦斯是否发生爆炸的准则参考欧洲标准和美国标准材料实验协会（ASTM）的规定，即将点火后压力升高 7% 或以上作为发生爆炸的判断依据。

第四节　瓦斯煤尘共存条件下爆炸特性实验技术

近年来，随着我国煤矿机械化水平的不断升级，煤矿开采强度逐步增加，工作面绝对瓦斯涌出量变大，产尘量急剧增加，瓦斯煤尘共存条件下的爆炸事故特别是瓦斯矿井中瓦斯煤尘共存爆炸事故呈多发趋势。而对瓦斯煤尘共存相互促进着火爆炸的机理缺乏足够的认识，是造成该类事故多发的主要原因之一。因此，对瓦斯煤尘共存条件下的爆炸特性进行实验研究，可为瓦斯煤尘共存条件下爆炸事故的预防和治理提供重要的理论依据。

一、实验设备

进行瓦斯煤尘共存条件下的爆炸特性实验，亦可采用 20 L 爆炸特性测试系统进行，实验设备如图 2-5 和图 2-6 所示，详见本章第一节。

二、点火能量的选取

在进行瓦斯爆炸特性实验及煤尘对瓦斯爆炸特性影响实验时,点火能量为10 J;在进行煤尘爆炸特性实验及瓦斯对煤尘爆炸特性的影响实验时,依据《粉尘云爆炸下限浓度测定方法》(GB/T 16425—2018)[8],点火能量为 10 kJ。

三、实验步骤

(1) 检查实验仪器各部件是否连接正确,是否处于正常工作状态。检测储气仓、储尘仓以及各连接处是否漏气。

(2) 配制实验所需浓度的瓦斯-空气混合气体。

(3) 打开顶盖安装点火头并将其固定在爆炸罐中心部位,关闭爆炸罐上盖。

(4) 打开储尘罐将称量好的粉尘装入储尘罐并关紧。

(5) 将储气室空气压力调节到 2.0 MPa。

(6) 打开真空泵,用配制好的瓦斯-空气混合气体对罐体内的气体进行置换。

(7) 打开进气阀,将配制好的实验气体充入爆炸罐体内。

(8) 将爆炸罐体抽真空度至 0.04 MPa 的绝对压力,通过压力配比法,可计算出爆炸罐体内的瓦斯浓度。

(9) 启动计算机应用程序开始实验,点火并采集、记录、保存、打印实验数据。

(10) 打开爆炸罐,清扫干净后继续下次实验。

四、爆炸判据

(一) 瓦斯对煤尘爆炸特性的影响实验

在进行煤尘爆炸特性实验及瓦斯对煤尘爆炸特性的影响实验时,依据《粉尘云爆炸下限浓度测定方法》,在点火源为 10 kJ 化学点火源的情况下,爆炸下限浓度 c_{min} 需通过一定范围不同浓度粉尘的爆炸实验来确定。初次实验时按 10 g/m³ 的整数倍确定实验粉尘浓度,如测得的爆炸压力等于或大于 0.15 MPa 表压,则减小粉尘浓度继续实验,直至连续 3 次同样实验所测压力值均小于 0.15 MPa。如测得的爆炸压力小于 0.15 MPa 表压,则增加粉尘浓度实验,直至连续 3 次同样实验所测压力值等于或大于 0.15 MPa 表压。所测粉尘试样爆炸下限浓度 c_{min} 则介于 c_1(3 次连续实验压力均小于 0.15 MPa 表压的最高粉尘浓度)和 c_2(3 次连续实验压力均等于或大于 0.15 MPa 表压的最低粉尘浓度)之间,即:

$$c_1 < c_{min} < c_2$$

(二) 煤尘对瓦斯爆炸特性的影响实验

在进行瓦斯爆炸特性实验及煤尘对瓦斯爆炸特性的影响实验时,判断瓦斯是否发生爆炸的准则参考欧洲标准和美国标准材料实验协会（ASTM）的规定，即将点火后压力升高7%或以上作为发生爆炸的判断依据。

参 考 文 献

[1] 全国消防标准化技术委员会第一分技术委员会.空气中可燃气体爆炸极限测定方法：GB/T 12474—2008[S].北京：中国标准出版社,2009.

[2] 全国消防标准化技术委员会第一分技术委员会.空气中可燃气体爆炸指数测定方法：GB/T 803—2008[S].北京：中国标准出版社,2008.

[3] American Society of Testing Materials. Standard test method for minimum explosible concentration of combustible dusts：E1515-14[S].West Conshohocken，PA：ASTM International,2014.

[4] European Committee for Standardization. Determination of explosion characteristics of dust clouds-Part 3：Determination of the lower explosion limit LEL of dust clouds：EN 14034-3[S].London：British Standards Institution,2006.

[5] American Society of Testing Materials. Standard practice for determining limits of flammability of chemicals at elevated temperature and pressure：E918-19[S].West Conshohocken，PA：ASTM International,2019.

[6] 魏永生,周邦智,郑敏燕.水煤气-空气混合气体爆炸极限与浓度关系的统计分析[J].计算机与应用化学,2004,21(5):709-713.

[7] 王长元,张武,陈久福,等.煤矿区低浓度煤层气含氧液化工艺技术研究[J].矿业安全与环保,2011,38(4):1-3.

[8] 全国安全生产标准化技术委员会.粉尘云爆炸下限浓度测定方法：GB/T 16425—2018[S].北京：中国标准出版社,2018.

第三章 特殊环境条件下瓦斯爆炸特性研究

第一节 常规条件下的瓦斯爆炸特性

一、常温、常压条件下的瓦斯爆炸极限实验

采用不同的实验容器、点火方式对常温、常压条件下密闭容器内的瓦斯爆炸特性进行实验研究,所得爆炸极限数据如表 3-1 所列,所得不同浓度条件下瓦斯的最大爆炸压力及最大压力上升速率变化特性曲线如图 3-1 所示。

表 3-1 爆炸极限数据

序号	相对环境湿度/%	点火方式	爆炸下限/%	爆炸上限/%	备注
1	62	10 J 化学点火	4.84	16.25	近球形
2	≤20	10 J 电火花点火	5.05	15.80	球形

注:其他共性的实验工况为环境压力为常压,环境温度为 23.6~28.2 ℃,爆炸前气体运动状态均为静止无湍流。

通过研究得出,在常温、常压条件下,球形爆炸容器内瓦斯爆炸极限为 5.05%~15.80%,比近球形容器内的爆炸极限 4.84%~16.25%范围略小。其最佳爆炸浓度均为(10±0.1)%。在球形容器中所测试得到的最大爆炸压力和最大压力上升速率分别为 0.701 MPa 和 23.38 MPa/s,与近球形容器所测值 0.709 MPa 和 17.03 MPa/s 相比,其最大压力上升速率略有偏高。

二、甲烷爆炸的化学动力学过程分析

借助 CHEMKIN 软件包对密闭环境的甲烷爆炸进行数值模拟,得到温度、压力、主要自由基体积分数等的变化情况,分析了爆炸发展过程,确定了影响爆炸温度及主要自由基浓度的主要基元反应。

(一)甲烷爆炸过程分析

利用 CHEMKIN 软件包中的 SENKIN 子程序包,对定容条件下的甲烷爆炸过程进行了动力学计算,通过对反应物及主要自由基浓度变化的分析,描述了甲烷爆炸反应的发展过程。

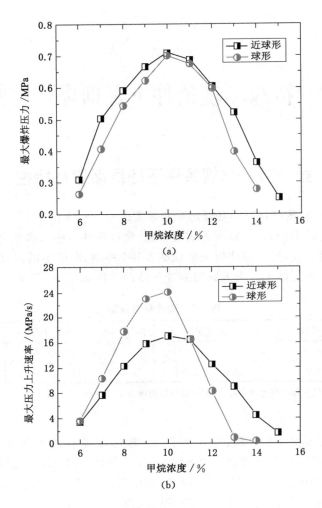

图 3-1　20 L 爆炸罐爆炸压力特性变化情况
（a）最大爆炸压力；（b）最大压力上升速率

　　图 3-2 给出了爆炸过程中温度和压力的变化情况，从图中可以看出，甲烷气体在经过一段诱导期后，发生瞬时爆炸，混合气体的温度和压力在爆炸瞬间发生突跃性升高，此后，温度和压力都趋于一个稳定值。

　　图 3-3 将爆炸过程中的温度和压力进行了放大分析，从图中可以清楚地看到，温度和压力的变化趋势基本保持一致，从反应开始直到 0.008 7 s，曲线上升的幅度极其微小，从 0.008 7 s 开始，曲线有较明显的升高，此时，反应已进行得相对剧烈，放热较多。而到 0.009 0 s，曲线出现明显拐点，曲线斜率快速上升，即

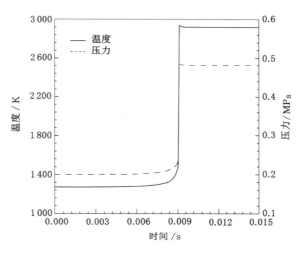

图 3-2 甲烷爆炸过程中温度和压力的变化

在此时,反应加速为爆炸反应,迅速放热。直到 0.009 15 s 爆炸反应完成,温度和压力都趋于稳定,整个爆炸过程仅持续了 0.000 15 s。爆炸后,温度上升为 2 933 K,压力上升约为 0.48 MPa。由此可以看出,甲烷爆炸瞬时完成,且温度和压力在很短时间内上升到初始值的几倍,因此其具有很强的破坏性。

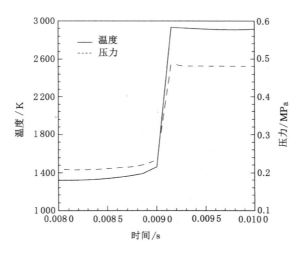

图 3-3 甲烷爆炸过程中温度和压力变化局部图

在甲烷爆炸反应过程中,反应物甲烷及氧气的浓度随反应的进行而不断变化,图 3-4 给出了甲烷和氧气体积分数的变化情况,由图可知,在反应初始阶段,反应物的浓度基本无变化,从 0.007 0 s 到 0.009 0 s 有明显的下降,从 0.009 0 s 开始,浓度急剧下降,反应进入爆炸阶段,浓度直线下降后到达一稳定值。在爆炸完成后,O_2 的体积分数仅为 1.26%,而当 O_2 的体积分数低于 9% 时,人很快就会进入昏迷状态,若长期处于其中,则会窒息死亡。因此瓦斯爆炸事故中,缺氧窒息是造成人员死亡的重要原因之一。

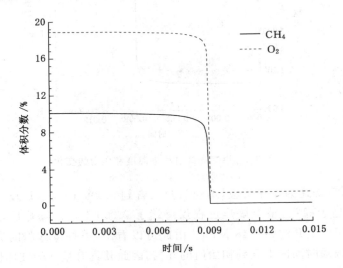

图 3-4 甲烷爆炸过程中反应物浓度的变化

由以上分析可以看出,用反应物浓度描述的爆炸过程与通过温度、压力变化描述的过程基本保持一致,略有不同的是,甲烷和氧气浓度有明显降低的时间比压力、温度的升高时间要提前。这是因为在诱导期的后期,为了给链传递过程积累自由基,甲烷和氧气的消耗会增加,而此时基元反应产生的热量更多的是用于吸热的基元反应,以保证自由基的生成,因此甲烷和氧气的浓度在这个阶段已经有明显的降低,而温度和压力还不会出现明显的变化。之后,随着反应产热的不断增加,温度和压力才出现了明显的升高。

在甲烷爆炸的基元反应中,具有很强化学活性的自由基在化学动力学过程中起着非常重要的作用,这些物质的发展历程决定了着火时刻以及点火能否顺利进行。通过对反应中自由基变化情况的分析,可以更深刻地理解爆炸过程中自由基在反应中的作用,选取在链式反应中比较重要的 H·、O· 和 HO· 三种自由基进行分析,如图 3-5 所示。由图 3-5 可知,H·、O· 和 HO· 自由基的浓度从 0.009 0 s 开始直线上升,到 0.009 15 s 达到最大值,即在爆炸过程中,三种自由基对反应的加速起到了非常重要的作用。由于参与链终止反应,故三种自由基的浓度在爆炸后分别下降到一稳定值。图 3-6 给出了甲醛在反应中的浓度变化情况。由于甲醛具有链引发的作用，在诱导期内不断积累。甲醛浓度在诱导期内呈指数上升的变化趋势，在诱导期末达到最大值，进入爆炸反应后，甲醛浓度急剧下降。

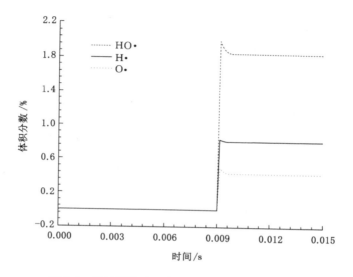

图 3-5　甲烷爆炸过程中主要自由基浓度的变化

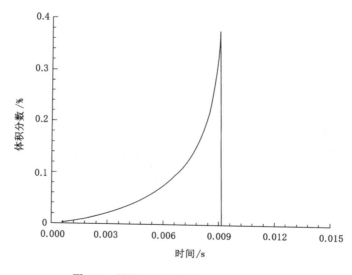

图 3-6　甲烷爆炸过程中甲醛浓度的变化

（二）敏感性分析

利用 CHEMKIN 软件包中的 SENKIN 子程序包对基元反应的温度敏感性及主要自由基的浓度敏感性进行分析，确定了影响温度及主要自由基浓度变化的关键基元反应。

1. 温度敏感性分析

温度敏感性系数可以反映基元反应的吸热放热情况，图 3-7 给出了反应过程中温度敏感性系数较大的基元反应的温度敏感性系数变化情况。

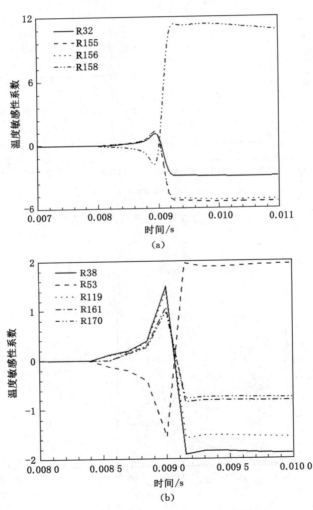

图 3-7　部分基元反应的温度敏感性系数变化情况
（a）温度敏感性系数＞2；（b）1＜温度敏感性系数＜2

从图 3-7 可以看出,所列的基元反应的温度敏感性系数若在反应初期为正, 则在反应后期为负,即若这些基元反应在反应初期促进温度的升高,加速反应的 进行,则在反应后期抑制温度的升高,减缓反应的进行;反之,若所列的基元反应 的温度敏感性系数在反应初期为负,则在反应后期为正,即若这些基元反应在反 应初期抑制温度的升高,减缓反应的进行,则在反应后期促进温度的升高,加速 反应的进行。

表 3-2 列出了温度敏感性系数较大的基元反应的化学反应式,这些基元反 应在很大程度上影响着爆炸过程中温度的变化,在分析整个反应过程时需要特 别关注。R38 是重要的起始反应,消耗了反应物 O_2,生成了 $O\cdot$ 和 $HO\cdot$ 自由 基,这两种自由基是后续反应的活化中心,为反应的持续和加速提供保障。R53 是 CH_4 氧化脱氢的主要反应之一,生成的 $CH_3\cdot$ 是 CH_4 参与基元反应的主要 自由基形式。根据对温度敏感性的分析,R167($HCO\cdot+M = H\cdot+CO+M$) 也是影响温度改变的主要基元反应之一,此基元反应和 R32、R119、R155、 R156、R161、R170 一起构成了甲烷的主要氧化途径:

$$CH_4 \longrightarrow CH_3\cdot \longrightarrow CH_2O \longrightarrow HCO\cdot \longrightarrow CO$$
$$\searrow \qquad \nearrow$$
$$CH_3O\cdot$$

表 3-2　温度敏感性系数大于 1 的基元反应

序号	化学反应式
R32	$O_2+CH_2O = HO_2\cdot+HCO\cdot$
R38	$H\cdot+O_2 = O\cdot+HO\cdot$
R53	$H\cdot+CH_4 = CH_3\cdot+H_2$
R119	$HO_2\cdot+CH_3\cdot = HO\cdot+CH_3O\cdot$
R155	$CH_3\cdot+O_2 = O\cdot+CH_3O\cdot$
R156	$CH_3\cdot+O_2 = HO\cdot+CH_2O$
R158	$2CH_3\cdot(+M) = C_2H_6(+M)$
R161	$CH_3\cdot+CH_2O = HCO\cdot+CH_4$
R170	$CH_3O\cdot+O_2 = HO_2\cdot+CH_2O$

$CH_3\cdot$ 通过 R155 和 R156 两个氧化反应生成了中间产物甲醛 CH_2O 以及 自由基 $CH_3O\cdot$、$O\cdot$、$HO\cdot$,CH_2O 的链引发作用使其浓度的上升时间在一定 程度上决定着诱导期的长短。R32 及 R170 氧化生成的 $HO_2\cdot$ 是加速反应进行 的主要自由基之一。R158 在爆炸前温度敏感性系数为负,即主要进行逆反应,

吸收热量,而在爆炸后,其温度敏感性系数为正,且值相当大。作为销毁自由基的反应,R158 是链断裂的重要基元反应,对温度产生了较大的影响。

2. 自由基浓度敏感性分析

自由基浓度在链式反应的链引发、链传递及链终止过程中都起了主要的作用,自由基浓度的变化在很大程度上影响着链式反应的进行。通过对甲烷爆炸反应中主要自由基 H·、O· 及 HO· 的浓度敏感性分析,发现对这三种自由基的浓度变化影响较大的基元反应与对温度变化影响较大的基元反应几乎完全相同。分析发现,除了在温度敏感性分析中列出的 9 个基元反应外,还包括 R57 [H·+CH$_2$O(+M)=CH$_3$O·(+M)],R98(HO·+CH$_4$=CH$_3$·+H$_2$O) 和 R118(HO$_2$·+CH$_3$·=O$_2$+CH$_4$)。其中敏感性系数较大的反应为 R158、R155、R156、R32、R53 和 R38,这些反应包括了爆炸反应中的链引发、链传递及链终止反应。在反应完成前,三种自由基浓度敏感性系数为正的基元反应均为 R32、R38、R118、R119、R155、R156、R161 和 R170,即这些反应促进了自由基浓度的增加,加速了反应的进行。

某一种自由基的浓度是由许多基元反应构成的反应链共同作用的结果,基元反应对自由基浓度的影响机理较为复杂。图 3-8 列出了部分基元反应的自由基浓度敏感性系数。由图 3-8 可知,不同的基元反应对不同自由基浓度的影响程度是不同的。有些基元反应虽然不含有 H·、O· 或 HO·,但是仍然对三种自由基的浓度具有较大的影响,原因是反应包含在此种自由基的反应链中,影响着生成此种自由基的反应的进行,从而影响了自由基的浓度。

在诱导期,H·、O· 及 HO· 在加速反应上具有举足轻重的作用,尤其是在反应的起始阶段,三种自由基是保证反应顺利进行的关键组分。部分基元反应的自由基浓度敏感性系数在反应起始阶段已有较明显的变化,图 3-9 给出了其中部分基元反应的自由基浓度敏感性系数在反应起始阶段的变化情况。

在反应初期,对 H· 和 O· 浓度影响较大的基元反应基本相同。由图 3-9(a)、(b)可知,在反应起始阶段,R118 和 R155 的自由基浓度敏感性系数较大,即这两个基元反应在很大程度上决定着起始阶段 H·、O· 的浓度。CH$_3$· 的氧化反应 R118 和 R155 的敏感性系数为正,即对 H·、O· 的生成起促进作用,而 CH$_4$ 的氧化脱氢反应 R53 消耗 H·,使 H· 浓度降低,因此敏感性系数为负,然而此反应虽然抑制了 H·、O· 的生成,却生成了 CH$_3$· 参与后续的反应过程。这三个反应的氧化过程都为反应的进行提供了必要的自由基,是起始阶段的关键基元反应。分析可知,R119 和 R158 对反应开始阶段 H·、

O·的浓度也有较大的影响。

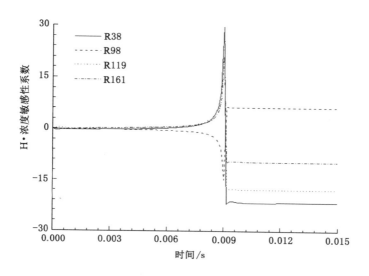

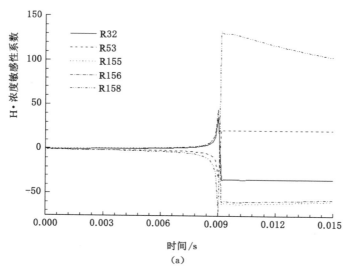

(a)

图 3-8　部分基元反应的自由基浓度敏感性系数

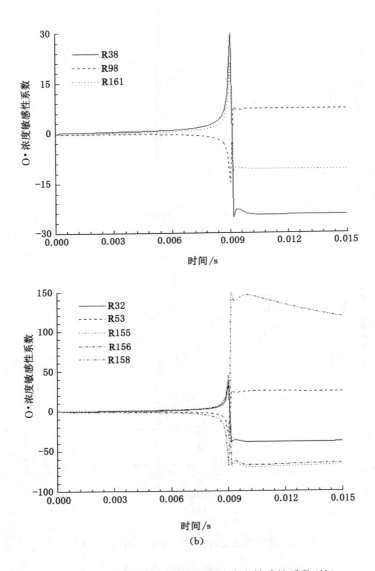

图 3-8 部分基元反应的自由基浓度敏感性系数(续)

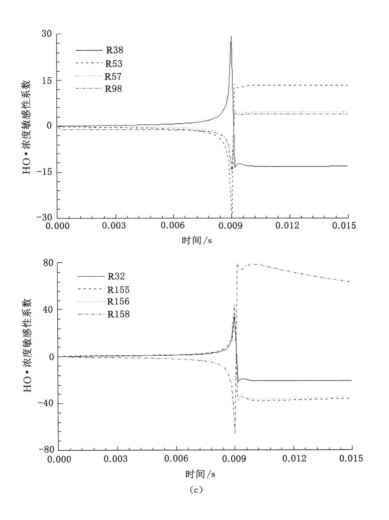

图 3-8　部分基元反应的自由基浓度敏感性系数（续）

（a）H·浓度敏感性系数；（b）O·浓度敏感性系数；（c）HO·浓度敏感性系数

　　由图 3-9（c）可知，R98 对 HO·起始浓度变化影响最大，其消耗 HO·，使 CH_4 氧化为 CH_3·。R158、R155 和 R156 在反应起始阶段的敏感性系数变化也较大，即对 HO·的起始浓度也有较大的影响。

　　反应初始阶段自由基的积累直接影响点火延迟时间的长短。R38 是主要的链分支反应之一，其他反应通过直接生成主要自由基或生成自由基 CH_3·而直接或间接影响 H·、O·和 HO·等主要自由基的浓度。根据阿伦尼乌斯公式可知,温度升高,反应速率常数增大,反应速率加快。因此,随着初始温度的升高,基元反应速率加快,自由基浓度增加,在反应初始阶段,更多的自由基作为活化中心参与基元反应,点火源周围更多的分子参与到链式反应中,使反应得以更快地延续下去,从而缩短了反应发展为爆炸式氧化反应的时间,即缩短了瓦斯爆炸的点火延迟时间。

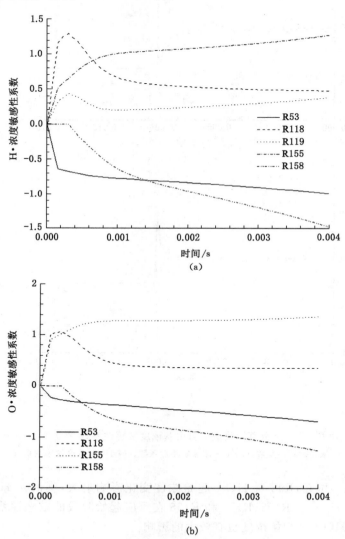

图 3-9 部分基元反应的自由基浓度敏感性系数在反应起始阶段的变化情况

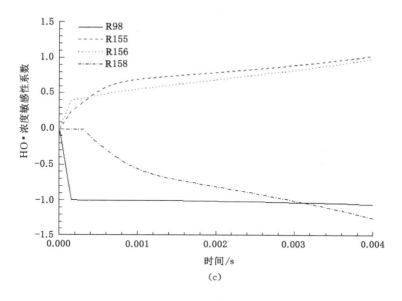

图 3-9　部分基元反应的自由基浓度敏感性系数在反应起始阶段的变化情况(续)

（a）H·浓度敏感性系数；（b）O·浓度敏感性系数；（c）HO·浓度敏感性系数

第二节　环境压力对瓦斯爆炸特性的影响

一、环境压力对瓦斯爆炸特性影响的实验研究

（一）环境压力对瓦斯爆炸极限的影响

不同环境压力条件下的瓦斯爆炸极限测定结果如表 3-3 所列。

表 3-3　不同环境压力条件下的瓦斯爆炸极限

序号	环境压力（表压）/MPa	爆炸上限/%	爆炸下限/%
1	0.2	16.13	5.01
2	0.5	17.49	4.88
3	0.8	19.10	4.61
4	1.1	20.50	4.48
5	1.4	21.13	4.35
6	1.7	21.89	4.26
7	2.0	22.48	4.18

根据表 3-3 中的实验数据将瓦斯爆炸极限随环境温度的变化绘制成曲线并进行数据拟合,结果如图 3-10 所示。爆炸极限拟合公式如式(3-1)、式(3-2)所示。

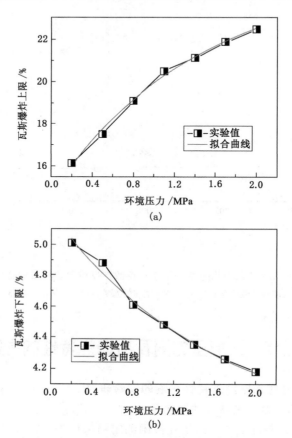

图 3-10　环境压力对瓦斯爆炸极限的影响曲线

(a) 爆炸上限;(b) 爆炸下限

爆炸上限拟合公式:

$$y = y_0 + A_1 \exp\left(\frac{x}{t_1}\right) \quad (0.2 < x \leqslant 2)$$
$$R^2 = 0.993\ 82$$

(3-1)

爆炸下限拟合公式:

$$y = y_0 + A_1 \exp\left(\frac{-(x - x_0)}{t_1}\right) \quad (0.2 < x \leqslant 2)$$
$$R^2 = 0.981\ 35$$

(3-2)

式中,y 为爆炸上、下限,%;x 为环境压力,MPa;x_0,y_0,A_1,t_1 为常数,其数值如表 3-4 所列。

表 3-4 拟合参数对照表

参数	x_0	y_0	A_1	t_1
数值	0	25.083 64	−10.434 01	−1.427 76
	−0.459 58	3.738 69	1.940 59	1.637 34

从图 3-10 可以看出,在 2 MPa 范围内,环境压力增加,瓦斯爆炸上限值上升,下限值下降,爆炸范围变宽。这是因为环境压力的升高使气体分子的间距缩小,分子间碰撞的概率增加,而且有效碰撞的概率也随之提高,更多的氧气分子与甲烷分子发生有效碰撞而保证反应的继续进行。同时反应速率也随环境压力的增大而升高。因此,当环境压力升高时,爆炸范围变宽。

相对于环境压力 0.2 MPa 时 5.01%~16.13% 的瓦斯爆炸极限,环境压力为 2 MPa 时,爆炸上限升高至 22.48%,升高了 6.35 个百分点,上升率达 39.37%;爆炸下限降低至 4.18%,降低了 0.83 个百分点,下降率达 16.57%。可以看出环境压力变化对瓦斯爆炸极限有着很大的影响,对爆炸上限的影响大于对爆炸下限的影响。

(二)环境压力对瓦斯爆炸压力的影响

运用 10 J 的点火能量,在不同的环境压力条件下,分别对浓度为 10.0% 和 17.0% 左右的瓦斯进行爆炸压力测定,实验结果如表 3-5 和表 3-6 所列。

表 3-5 环境压力对瓦斯爆炸压力的影响(1)

序号	瓦斯浓度/%	点火能量/J	环境压力(表压)/MPa	最大爆炸压力/MPa
1	10.0	10	0.103	1.570
2	10.0	10	0.188	2.109
3	10.0	10	0.298	3.080
4	10.0	10	0.403	3.786
5	10.0	10	0.499	4.683

表 3-6 环境压力对瓦斯爆炸压力的影响(2)

序号	瓦斯浓度/%	点火能量/J	环境压力(表压)/MPa	最大爆炸压力/MPa
1	16.9	10	0	—
2	16.9	10	0.305	0.310
3	16.9	10	0.506	0.632

表 3-6(续)

序号	瓦斯浓度/%	点火能量/J	环境压力(表压)/MPa	最大爆炸压力/MPa
4	16.9	10	0.699	0.958
5	16.7	10	0.901	>3.647
6	16.9	10	1.505	>3.647

通过理论公式计算了瓦斯浓度为 10.0％时,不同环境压力条件下的理论定容爆炸压力,并将其与实验所测最大爆炸压力进行对比,结果如图 3-11 所示。

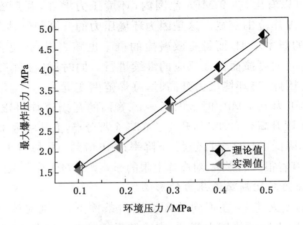

图 3-11 理论定容爆炸压力与实测最大爆炸压力的对比图

从图 3-11 可以看出,在最佳爆炸浓度附近所测得的最大爆炸压力非常接近理论计算所得的定容爆炸压力,但比理论计算值偏小。原因在于:爆炸过程中,由于壁面热损失以及少量气体的泄漏会带走部分热量;另外,实际的最佳爆炸浓度会随着环境条件的改变而有所改变,浓度在 10.0％左右时,与最佳爆炸浓度非常接近,但仍存在一定偏差,会有少量的可燃物未能完全反应。

图 3-12 和图 3-13 分别为在 0.103 MPa 和 0.298 MPa 的环境压力下所测得的浓度为 10.0％的瓦斯的爆炸压力曲线图。从图中可以看出,实际的爆炸反应过程相当短暂,只有几十毫秒,然后由于爆炸反应结束及器壁热损失等原因,压力逐渐下降。环境压力增大,爆炸后最大爆炸压力也成倍地增大。

不同环境压力条件下,浓度为 17.0％左右的瓦斯的爆炸压力变化曲线如图 3-14~图 3-19 所示。由图可见,在常温、常压条件下,浓度为 17.0％左右的瓦斯是不会发生爆炸的(图 3-14),而在高压环境下则会发生爆炸,而且爆炸威力

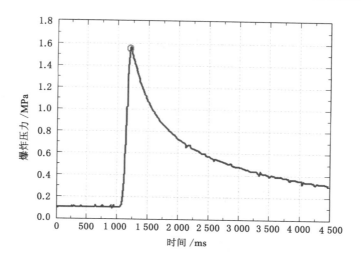

图 3-12　0.103 MPa 环境压力下的瓦斯爆炸压力曲线(10.0%)

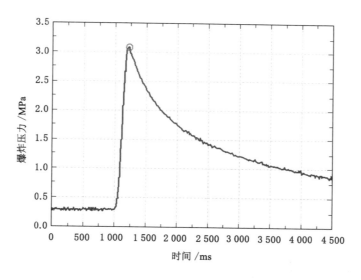

图 3-13　0.298 MPa 环境压力下的瓦斯爆炸压力曲线(10.0%)

随着环境压力的增加会变得相当大(图 3-15～图 3-19)。

当环境压力为 0.305 MPa 时,其爆炸压力的上升非常小,几乎无变化,如图 3-15 所示。此时,认为爆炸罐内的瓦斯-空气混合气体在点火的瞬间发生了部分化学反应,但因为其点火能量及参与反应的瓦斯-空气混合气体所释放出的能

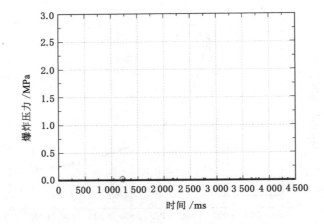

图 3-14　常压条件下瓦斯爆炸压力曲线(0 MPa,16.9％)

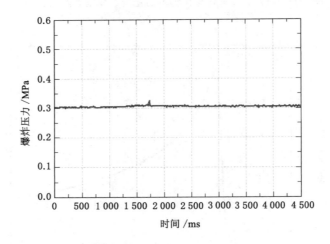

图 3-15　高压环境下瓦斯爆炸压力曲线(0.305 MPa,16.9％)

量不足以维持爆炸反应的进行而逐渐熄灭。

　　而当环境压力为 0.506 MPa 时,爆炸压力的上升超过 0.1 MPa,很明显,此时已经发生了爆炸,如图 3-16 所示。

　　随着环境压力的不断升高,爆炸的威力也越来越大,当环境压力增大到 0.901 MPa 时,其最大爆炸压力远远超过 3.5 MPa(由于传感器量程所限,最大爆炸压力未能测到),如图 3-18 所示。这比常温常压条件下、最佳爆炸浓度时的最大爆炸压力要大得多,这是始料未及的。不同之处还在于,其爆炸的反应时间

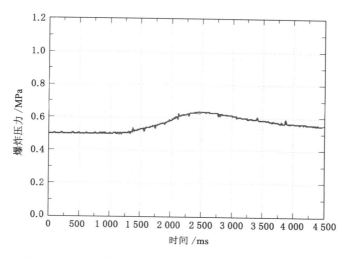

图 3-16　高压环境下瓦斯爆炸压力曲线（0.506 MPa,16.9％）

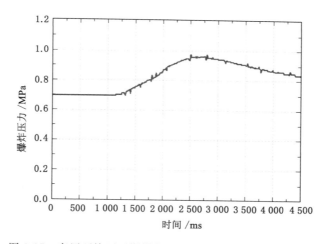

图 3-17　高压环境下瓦斯爆炸压力曲线（0.699 MPa,16.9％）

相对较长（＞2 500 ms）。可以想见,当瓦斯浓度比此浓度稍低时,即使环境压力未达到 0.901 MPa,也会出现此种情况。

　　而当环境压力增大到 1.505 MPa 时,其最大爆炸压力同样超过了 3.5 MPa（由于传感器量程所限,最大爆炸压力未能测到）,但与环境压力为 0.901 MPa 时的爆炸压力曲线相比,爆炸反应的持续时间缩短,反应速率变快,如图 3-19 所示,说明在高压环境下,即使超出了爆炸上限浓度,瓦斯亦能在较短的时间内发生爆炸,且爆炸威力相当大。

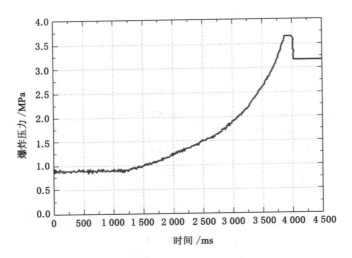

图 3-18　高压环境下瓦斯爆炸压力曲线(0.901 MPa,16.7%)

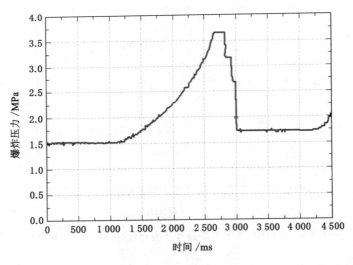

图 3-19　高压环境下瓦斯爆炸压力曲线(1.505 MPa,16.9%)

在煤矿井下发生的瓦斯爆炸事故所造成的损害往往远远超出人们的想象,部分原因就在于煤矿井下发生一次爆炸的过程中,由于高压气流、火源等多种因素会引发二次爆炸或多次爆炸。煤矿井下是狭长的网络式管状结构空间,在发生一次爆炸的过程中,由于爆炸气体在狭长空间中的自加速过程,空间中的压力达到几个甚至是十几个大气压是很正常的,这时若遇到采空区或其他半密闭空间内积聚的高浓度瓦斯-空气混合气体,极易引起二次爆炸或多次爆炸的发生。这种在高压环境所发生的二次爆炸或多次爆炸,要比起始的第一次爆炸威力大得多。为此,应及时清理采空区等区域内有可能积聚的大量高浓度瓦斯,防止在一次爆炸过后,由于高压引起高浓度瓦斯参与二次爆炸或多次爆炸。

二、环境压力对瓦斯爆炸特性影响的数值模拟研究

初始压力是指预混气体爆炸发生时的环境压力。由理论分析可知,随着初始压力的增大,气体分子间平均距离减小,增大了分子碰撞概率,减小了支链终止的可能,影响气体化学活性。气体化学活性的变化会对点火后的火焰发展状况产生影响。本节将从爆炸温度、爆炸压力、火焰速度等方面,分析研究不同环境压力对爆炸特性的影响。

初始条件:环境压力变化范围(绝对压力):0.103~2.0 MPa,共分为 11 个压力等级,分别为 0.103 MPa、0.188 MPa、0.298 MPa、0.403 MPa、0.499 MPa、0.750 MPa、1.0 MPa、1.25 MPa、1.5 MPa、1.75 MPa、2.0 MPa;环境温度:298 K;初始组分条件(质量分数):CH_4 为 5.3%、O_2 为 21%、N_2 为 73.7%;点火能量:10 J,容器中心点点火;爆炸容器尺寸:20 L,球形。

(一)不同环境压力对爆炸温度的影响

模拟作出了距点火点 0.05 m、0.10 m、0.15 m 处不同初始压力下的爆炸温度曲线,如图 3-20~图 3-22 所示。表 3-7 中列出了不同初始压力条件下火焰锋面到达各测点的时间与该时刻的温度。根据表 3-7 中的数据,作火焰锋面经过各测点时的温度曲线,如图 3-23 所示。

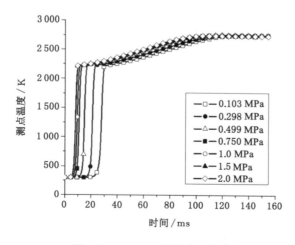

图 3-20 0.05 m 处温度变化曲线

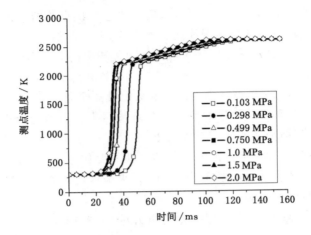

图 3-21　0.10 m 处温度变化曲线

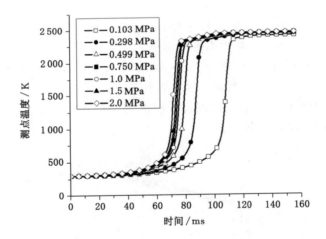

图 3-22　0.15 m 处温度变化曲线

表 3-7　火焰锋面经过各测点的时间与该时刻的温度

初始压力/MPa	距点火点距离					
	0.05 m		0.10 m		0.15 m	
	时间/ms	测点温度/K	时间/ms	测点温度/K	时间/ms	测点温度/K
0.103	29	2 221	57	2 235	114	2 355
0.298	24	2 226	50	2 234	95	2 355

表 3-7(续)

初始压力/MPa	距点火点距离					
	0.05 m		0.10 m		0.15 m	
	时间/ms	测点温度/K	时间/ms	测点温度/K	时间/ms	测点温度/K
0.499	17	2 227	42	2 232	83	2 352
0.750	13	2 226	40	2 234	81	2 355
1.0	13	2 225	39	2 234	79	2 355
1.5	12	2 225	38	2 231	76	2 354
2.0	11	2 227	35	2 236	74	2 354

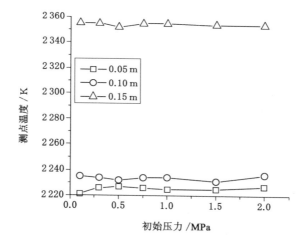

图 3-23 火焰锋面经过测点时的温度曲线

由图 3-20~图 3-22 可以看出,火焰锋面到达前,各测点温度均缓慢上升,距离点火点越远,温度增量越大;火焰锋面到达后,温度迅速升高;火焰锋面经过后,温度曲线出现拐点,温度继续以较缓慢的速率上升,这一上升过程的时间随着距点火点的距离增大而减小,但都在 130 ms 左右趋于稳定。稳定温度随着距点火点的距离增大而降低,0.05 m 处大概为 2 730 K,0.10 m 处大概为 2 610 K,0.15 m 处大概为 2 440 K。在距点火点相同距离的测点处,环境压力较高时,火焰锋面先到达测点,而且时间差随着燃烧的发展,逐步扩大。由表 3-7 可以得到,环境压力为 0.103 MPa 和 2.0 MPa 时,火焰锋面到达 0.05 m 处的时间相差 18 ms,到达 0.10 m 处的时间相差 22 ms,到达 0.15 m 处的时间相差 40 ms。这主要是由于初始环境压力较大的情况下,分子间距离更近,增加了有效碰撞概率,使反应速度加快。另外,根据表 3-7 中的数据可以分析出,这种影响是非线性的。

由图 3-23 可以看出,在同一测点,火焰锋面经过测点时的温度几乎是相同的。这说明环境压力对爆炸温度影响不大,爆炸温度的增大主要受到初始环境温度的影响。另外也可以看到,随着燃烧的发展,距点火中心越远,火焰锋面经过各测点时的温度越高。而且,相邻测点温度的增长与距点火点距离不是线性关系,越到后期,温度增长值越大,但是不同初始压力下增长值相近,说明增长值的变化不是由初始压力不同造成的。

(二)不同环境压力对爆炸压力的影响

由于整个爆炸罐内压力分布差别很小,因此,本节取距离点火中心 0.15 m 处测点的压力变化曲线代表整个爆炸罐内压力变化曲线。模拟作出了距离点火中心 0.15 m 处不同环境压力条件下的爆炸压力曲线、最大爆炸压力上升速率曲线和最大爆炸压力曲线,如图 3-24～图 3-26 所示。

由图 3-24 可以看到,图中各条压力曲线,在开始阶段都有一个缓慢的上升过程,而后上升速率逐渐增大,接近最大值时出现拐点,而后保持这一最大值。另外,可以非常明显地看到,随着环境压力的升高,最大爆炸压力增大明显,而且环境压力大的条件下的压力曲线更快达到最大爆炸压力,近似呈线性分布。

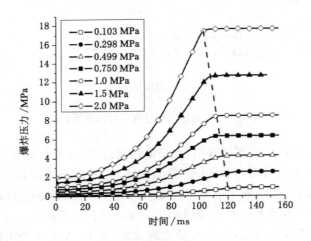

图 3-24 0.15 m 处爆炸压力变化曲线

由图 3-25 可以看出,最大爆炸压力上升速率随环境压力的增大而增大。这主要是因为环境压力增大使得分子间距离减小,增加分子有效碰撞概率,在其他条件相同的条件下,会增大反应速率,使燃烧反应变得剧烈,其压力上升速率也就增大。另外,环境压力对最大压力上升速率的影响是近似呈线性的。

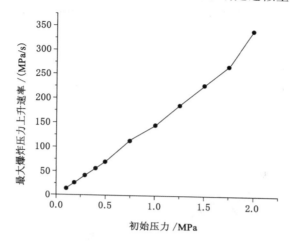

图 3-25 最大爆炸压力上升速率曲线

图 3-26 更加精确地描述了最大爆炸压力和初始环境压力的关系。图中范德瓦尔斯方程曲线为由范德瓦尔斯方程计算得出的最大爆炸压力理论值,温度取 2 400 K。从图中可以看出,模拟值非常接近实验值,但是比实验值略大,这主要是绝热壁面所引起的差异,因此这一模拟结果是可信的。整体来看,最大爆炸压力随初始环境压力变化近似呈线性分布,这和范德瓦尔斯方程描述的趋势一致。这就意味着,随着环境压力增大,最大爆炸压力成倍地增加。

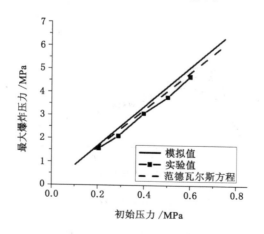

图 3-26 最大爆炸压力曲线

（三）不同初始压力对火焰速度的影响

模拟作出了火焰速度随时间和距点火点距离变化的曲线，如图 3-27 和图 3-28 所示。

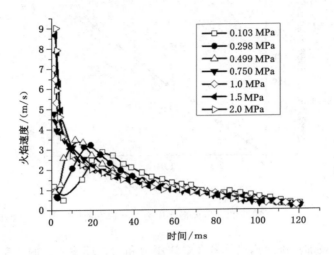

图 3-27　不同时刻火焰速度

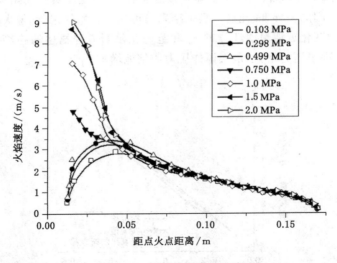

图 3-28　不同位置火焰速度

由图 3-27 可以看到，初始环境压力为 0.103 MPa、0.298 MPa、0.499 MPa 的曲线，在初始阶段的火焰速度有一个明显的上升下降过程，而后火焰速度逐渐增大,以一个较大加速度达到最大火焰速度后,火焰速度逐渐减小。初期阶段的上升下降过程主要是受到点火源能量的影响,点火源在瞬间产生高温区域,使这一区域内的瓦斯快速燃烧,反应剧烈,因此火焰面发展迅速,有一个上升区段。点火源能量释放完毕后,高温区域向外扩散,温度降低,瓦斯反应减缓,火焰速度出现下降区段。另外,比较这三条曲线的发展趋势可以看到,每一个阶段出现的时刻都随着初始压力的升高提前,这主要是因为初始环境压力增大使得分子间距离减小,增加了分子有效碰撞概率,在其他条件相同时,会增大反应速率。初始环境压力为 0.750 MPa 以上的条件下,没有捕捉到初始阶段上升下降的速度变化状况。根据初始压力为 0.103 MPa、0.298 MPa、0.499 MPa 的曲线的发展趋势,可知这是由于初始阶段发展过于迅速导致。还可以发现,初始环境压力越大,所能达到的最大火焰速度越大。

由图 3-28 可以看到,火焰速度最大值都出现在 0.04 m 之前,而且随着初始环境压力的增大,更靠近点火点。在 0.05 m 之后,各初始压力条件下的火焰速度已经较为接近,说明在 0.04 m 之前,由于距离壁面较远,受壁面影响小,火焰能够自由发展,随着燃烧的进一步发展,壁面逐渐成为影响燃烧的主要因素。

第三节 环境温度对瓦斯爆炸特性的影响

一、环境温度对瓦斯爆炸特性影响的实验研究

（一）环境温度对爆炸压力的影响分析

实验在特殊环境条件下气体爆炸特性实验系统(图 2-7)中进行,利用压阻式压力传感器探测容器内的定容爆炸压力。实验中,在爆炸容器中心点火,只有当火焰发展到容器壁面时才会造成壁面冷却效应与气体泄漏,造成热损失,因此爆炸罐体壁面传感器所测压力接近定容爆炸最高压力。通过定容爆炸压力的定义和理论分析可知,爆炸压力与环境温度、环境压力、爆炸容器形状、大小及组分浓度等因素有关。本节将通过实验数据分析爆炸压力随温度变化的发展规律,并研究最大爆炸压力在不同环境温度下的变化。

实验环境温度的变化范围为室温～200 ℃。以瓦斯浓度为 10.1% 为例,其在常温、常压条件下爆炸压力的典型变化曲线如图 3-29 所示。

为使容器内的气体混合更均匀,系统更稳定,人为设计在采集系统启动200 ms 后开始点火。从图中可以看出,点火发生后,即 200 ms 之后爆炸压力不是立即上升,而是有一段几十毫秒的反应感应时间,这段时间就是瓦斯爆炸点火延迟时间,即为瓦斯爆炸的缓慢氧化阶段;之后爆炸压力迅速上升,从压

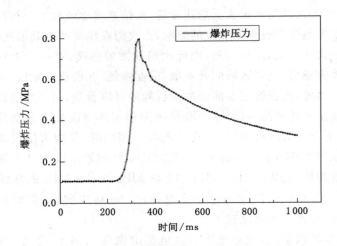

图 3-29　25 ℃时瓦斯爆炸压力曲线图(10.1%)

力开始上升到达到最大爆炸压力历时 150 ms 左右,这段时间可以认为是瓦斯爆炸的快速反应阶段;随后容器内压力逐渐下降,此阶段为反应熄灭阶段。系统并非理想的定容绝热条件,故在采集时间约 400 ms 后,系统压力下降但仍有一定的超压值,随着时间的推移,压力继续下降直到接近标准大气压。

在环境条件为 101.325 kPa、25 ℃时,在触发点火约 35 ms 后,爆炸压力开始逐步上升。随着反应的进行,压力上升速率明显增快。从阿伦尼乌斯经验公式可知,燃烧反应速率和温度有很大的关系,在爆炸反应过程中,温度逐渐升高,化学反应速率也随之提高,这就加快了爆炸产生的压力的上升速率。该条件下,爆炸产生的最大爆炸压力为 0.795 MPa(绝压),达到最大爆炸压力的时间大约为点火后 134 ms。之后,爆炸压力开始逐渐下降。

通过图 3-30 对比分析 25 ℃、75 ℃、150 ℃、200 ℃等不同环境温度条件下爆炸压力的变化曲线。由图可见,四条曲线都符合典型密闭容器内爆炸压力的变化规律,随着环境温度的升高,最大爆炸压力值逐渐降低。同时可以看出,在不同的环境温度条件下,瓦斯爆炸达到最大爆炸压力所需的时间不同,随着环境温度的升高,反应需要的时长明显缩短。25 ℃环境条件下,瓦斯完全反应达到最大爆炸压力所需时间是 134.2 ms,75 ℃时最大爆炸压力在点火后 109.8 ms 时出现,而 150 ℃、200 ℃时需要的反应时间分别为 95.6 ms、85.8 ms。根据阿伦尼乌斯理论可知,化学反应的基础是分子之间的碰撞,环境温度的提高首先增加了分子的内能,另外高温也使分子运动的速率加快,也就增加了分子之间的有效碰撞概率,且自由基的增多使爆炸反应进行得更快。

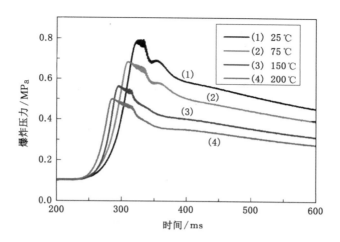

图 3-30 不同环境温度时瓦斯爆炸压力曲线对比图(10.1%)

所以,环境温度的升高加快了爆炸反应速率,从而使爆炸达到最大压力所需时间缩短。

实验中环境温度的研究范围是室温～200 ℃,通过理论计算,得到不同环境温度下的理论最大爆炸压力如表 3-8 所列。实验运用 10 J 的点火能量,对化学计量浓度下的瓦斯混合气体在常压、室温～200 ℃环境温度条件下进行最大爆炸压力的测定,实验结果如表 3-8 所列。对表 3-8 中的理论最大爆炸压力和实测最大爆炸压力进行比较作图,结果如图 3-31 所示。

表 3-8 环境温度对瓦斯爆炸压力的影响

序号	瓦斯浓度 /%	点火能量 /J	环境温度 /℃	理论最大爆炸压力 (绝压)/MPa	实测最大爆炸压力 (绝压)/MPa
1	10.1	10	25	0.858	0.806
2	10.1	10	50	0.798	0.725
3	10.1	10	75	0.747	0.696
4	10.1	10	100	0.702	0.642
5	10.1	10	125	0.663	0.606
6	10.1	10	150	0.628	0.573
7	10.1	10	175	0.598	0.546
8	10.1	10	200	0.570	0.509

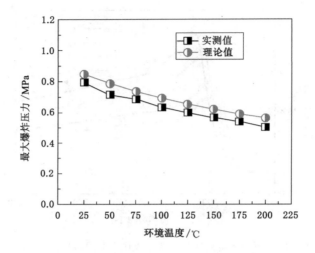

图 3-31　不同温度下理论定容爆炸压力与实测最大爆炸压力的对比图

根据实验数据进行非线性衰减拟合,得拟合函数为:

$$y = c + \frac{b}{x+a} \quad (0 < x \leqslant 200 \text{ ℃})$$
$$R^2 = 0.992\ 7$$

(3-3)

式中,y 为最大爆炸压力,MPa;x 为环境温度,℃;a,b,c 为常数,其数值如表 3-9所列。

表 3-9　拟合函数各参数对照表

参数	a	b	c
数值	264.624 4	215.681 1	0.043 65

从图 3-31 和式(3-3)可以看出,随温度的升高瓦斯最大爆炸压力呈现非线性衰减的变化趋势,而且在温度变化不大的范围内最大爆炸压力变化比较明显。根据理想气体状态方程可知,最大爆炸压力与爆炸后火焰温度成正比,与环境温度成反比,所以环境温度上升,爆炸压力反而会下降。

同时可以看出,最大爆炸压力的理论值和实验值变化规律相同,随环境温度不同实验值变化符合理论值非线性衰减规律。另外可以看出,瓦斯混合气体在化学计量浓度情况下,最大爆炸压力的实验值接近理论计算值,但有一定的偏差,平均相差 0.058 MPa。差别的原因在于:① 实验系统并非理想的绝热条件,爆炸容器内部通过容器壁与外界存在热交换,造成热量损失;② 爆炸反应受实验条件限制,并不会绝对地完全反应,存在少量的气体没有反应或未完全反应;③ 容器不是绝对的密封,造成瓦斯气体泄漏,泄漏的气体会带走部分能量,也使参与爆炸的气体分子量减少;④ 容器内同样存在耗散效应,瓦斯气体与其他气体(如 N_2 等)之间存在物质或能量的交换形成的负熵流,使能量减小。所以,实验所测到的最大爆炸压力要小于理论计算值,但其变化规律相同。

（二）环境温度对最大压力上升速率的影响分析

最大压力上升速率是衡量瓦斯爆炸特性的一个重要参数,但在不同的环境温度下,其变化规律很少被研究。在实验室条件下,通过特殊环境 20 L 爆炸特性测试系统对不同环境温度下的浓度为 10.1% 的瓦斯进行爆炸实验,然后对实验数据进行分析,找出其最大压力上升速率,具体数值如表 3-10 所列。

表 3-10　环境温度对最大压力上升速率的影响

序号	瓦斯浓度/%	环境温度/℃	最大压力上升速率/(MPa/s)
1	10.1	25	20.83
2	10.1	50	23.81
3	10.1	75	20.83
4	10.1	100	23.81
5	10.1	125	23.81
6	10.1	150	23.81
7	10.1	175	23.81
8	10.1	200	23.81

从表 3-10 可以看出,最大压力上升速率基本在 20.83 MPa/s 和 23.81 MPa/s 两个数值间跳跃变化,考虑到实验受外界因素的影响,可以得出最大压力上升速率随环境温度变化基本保持不变的结论。根据实验中所测得的不同环境温度下的最大压力上升速率值,运用软件对其进行数据拟合,结果如图 3-32 所示。由图可以看出,在实验温度范围内,最大压力上升速率的各测点值基本在一条水平线上。图 3-33 比较了 50 ℃ 和 200 ℃ 环境条件下的最大压力上升速率(压力曲线上升时刻的最大斜率),可以看出虽然压力曲线不同,但其最大压力上升速率值相同。更高环境温度情况下的最大压力上升速率变化趋势需在今后进一步研究。

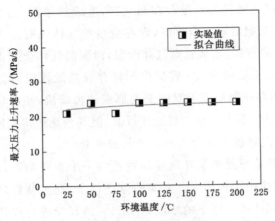

图 3-32　最大压力上升速率随环境温度的变化曲线(10.1%)

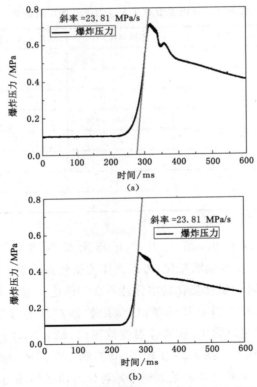

图 3-33　不同环境温度条件下的最大压力上升速率

(a) 50 ℃；(b) 200 ℃

爆炸压力上升速率与爆炸指数都可以用来衡量爆炸强度,而爆炸指数的计算公式为最大压力上升速率与爆炸容器容积的三次方根的乘积。在浓度相同、点火能量相同的条件下,不同容积爆炸容器的最大压力上升速率不同,而爆炸指数相同。本实验条件下,环境温度条件不同,但点火能量相同,爆炸容器容积相同,在实验研究的温度变化范围内(室温~200 ℃),所测试得到的最大压力上升速率基本不变,爆炸指数也基本相同。

（三）环境温度对点火延迟时间的影响分析

瓦斯与空气混合气体与点火源接触后,并非立即产生爆炸反应,压力也不是立即上升,而是要经过一个很短的时间间隔,这种现象称为点火延迟性,间隔的这段时间称为点火延迟时间。可燃气体的点火延迟时间的定义有很多,例如,可以用压力波开始上升的时刻来定义,也可以用某种特定组分的浓度出现突然跃升的时刻来定义,测试结果不尽相同。N.Lamoureu 等利用烷烃、氧气等组分的浓度与温度之间的计算关系式来定义点火延迟时间。实验过程中,因为实验条件的限制,以压力传感器探测到的压力上升信号与触发点火之间的时间差来定义点火延迟时间。

瓦斯爆炸的点火延迟时间与瓦斯浓度有关,越接近最佳爆炸浓度,反应越完全,点火延迟时间越短。点火延迟时间的探测是隔抑爆技术的研究基础,本书运用瓦斯浓度为 10.1％的混合气体,在常压、10 J 点火能量的条件下,实验研究了不同环境温度时瓦斯爆炸点火延迟时间的变化,为隔抑爆技术的研究提供重要的理论基础,实验结果如表 3-11 所列。

表 3-11　环境温度对点火延迟时间的影响

序号	瓦斯浓度/％	点火能量/J	环境温度/℃	点火延迟时间/ms
1	10.1	10	25	35.2
2	10.1	10	50	32.6
3	10.1	10	75	31.2
4	10.1	10	100	30.2
5	10.1	10	125	29.6
6	10.1	10	150	29.0
7	10.1	10	175	28.4
8	10.1	10	200	27.8

将表 3-11 所得实验数据绘制成曲线,如图 3-34 所示。从表 3-11 和图 3-34 可以看出,环境温度的增加影响了点火延迟时间。如环境温度为 25 ℃时,浓度为 10.1％的瓦斯爆炸的点火延迟时间为 35.2 ms;而环境温度为 200 ℃时,瓦斯爆炸的点火延迟时间则缩短为 27.8 ms。这是因为环境温度越高,分子内能越大,由其环境状态上升到活化状态所需的能量就越少,由阿伦尼乌斯经验式,即反应速度常数 $k=k_0\mathrm{e}^{-E/(RT)}$,随着 E 减小,T 增大,则反应速度加快,所以随着环境温度的增加,瓦斯爆炸点火延迟时间逐渐缩短。

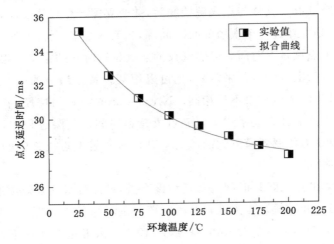

图 3-34　点火延迟时间随环境温度的变化曲线

从热爆炸理论和链式反应理论的角度进行分析,环境温度越高,热分解速率越大或分解链反应越快,越容易引起点火源周围更多的瓦斯参与反应,爆炸压力的上升速率也相应加快,点火延迟时间也就越短;反之,环境温度越低,燃烧爆炸反应的起始速度就越慢,爆炸压力上升速率越小,点火延迟时间也就越长。但点火延迟时间的衰减速率是变化的,刚开始较大,随环境温度的升高,衰减速率越来越小。

根据实验数据进行一阶指数衰减拟合,得拟合函数如式(3-4)所示,式中,y 为点火延迟时间,ms;x 为环境温度,℃;y_0,x_0,A_1,t_1 为常数。各参数值随点火能量、瓦斯浓度及环境压力的不同会产生变化,常压、瓦斯浓度为 10.1％、点火能量为 10 J 时,各参数值如表 3-12 所列。

$$y=y_0+A_1\exp\frac{-(x-x_0)}{t_1} \quad (x\leqslant 200\ ℃)$$

$$R^2=0.990\ 7$$

表 3-12　拟合函数各参数对照表

参数	y_0	x_0	A_1	t_1
数值	27.305 4	0	10.758 1	75.768 7

从拟合公式可以看出,环境温度与点火延迟时间之间呈指数函数关系,随着初始环境温度的升高,点火延迟时间减小的速度变缓。因为从热爆炸理论或链式反应机理角度分析,物质热量的释放或分子自由基的分解总会有一过程,从反应开始到剧烈连锁反应本身要经历一定的时间,这段时间会随着环境温度的增加而相应地变小,但无论用多强的外部条件来加速爆炸反应强度,这段时间都会存在,不会被完全忽略。

（四）环境温度对瓦斯爆炸极限的影响分析

运用 10 J 的点火能量,在 0.1 MPa、不同环境温度条件下对瓦斯爆炸极限进行实验测定,其中环境温度的变化范围在室温～200 ℃之间。测试得出的爆炸上、下限如表 3-13 所列。

表 3-13　0.1 MPa 下不同环境温度对瓦斯爆炸极限的影响

序号	点火能量/J	环境温度/℃	瓦斯爆炸下限/%	瓦斯爆炸上限/%
1	10	25	5.05	15.8
2	10	50	4.95	16.1
3	10	75	4.78	16.4
4	10	100	4.63	16.7
5	10	125	4.52	16.9
6	10	150	4.44	17.3
7	10	175	4.35	17.5
8	10	200	4.26	17.7

当瓦斯浓度处于爆炸极限范围内时,若反应放出的热量足以维持化学反应和火焰的持续传播,则认为满足爆炸发生条件。当瓦斯浓度低于爆炸下限时,氧化生成的热量或分子分解的活化中心不足以发展成连锁反应,遇点火源不爆炸,只在点火中心外围形成稳定的浅蓝色燃烧层。当瓦斯浓度高于爆炸上限时,氧气浓度相对不足,不能生成足够的活化中心,氧化反应产生的热量易被吸收,遇到点火源不爆炸也不燃烧。

根据表 3-13 中的实验数据,将瓦斯爆炸上、下限随环境温度的变化绘制成曲线,如图 3-35 和图 3-36 所示,然后进行数据拟合,公式如式（3-5）和式(3-6)所示。式中,y 为瓦斯爆炸上、下限,%;x 为环境温度,℃;y_0,x_0,A_1,t_1 为常数,其数值如表 3-14 和表 3-15 所列。

$$y = A_1 \exp\left(\frac{x}{t_1}\right) + y_0 \quad (0 < x \leqslant 200 \ ℃) \tag{3-5}$$

$$R^2 = 0.995\ 5$$

$$y = A_1 \exp\frac{-(x - x_0)}{t_1} + y_0 \quad (0 < x \leqslant 200 \ ℃) \tag{3-6}$$

$$R^2 = 0.992\ 61$$

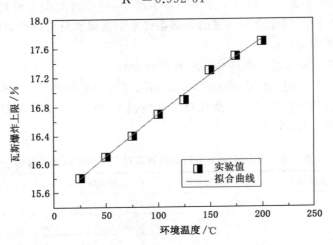

图 3-35　环境温度对瓦斯爆炸上限的影响曲线图

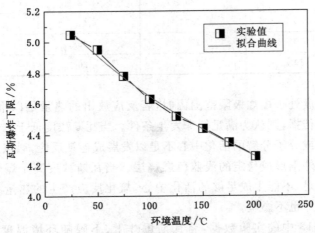

图 3-36　环境温度对瓦斯爆炸下限的影响曲线图

表 3-14　瓦斯爆炸上限拟合函数各参数对照表

参数	y_0	A_1	t_1
数值	23.384 7	-7.918 8	-594.880 9

表 3-15　瓦斯爆炸下限拟合函数各参数对照表

参数	y_0	x_0	A_1	t_1
数值	3.532 37	-306.561	6.340 34	234.061 1

从图 3-35 和图 3-36 可以看出,随着环境温度增加,瓦斯爆炸上限增大,爆炸下限减小,瓦斯爆炸上、下限呈不同的指数规律变化。这是因为随着环境温度的增加,分子内能增加,系统中活化分子数增加,并且分子之间的碰撞频率也得到增加,可以产生更多的链式反应自由基,化学连锁反应更容易持续进行下去,使原来的稳定系统变为可燃、可爆系统;温度的升高也在一定程度上使得更多的瓦斯气体参与起始的爆炸反应,化学反应速率增加,使得原来的系统在爆炸临界点的基元反应更活跃,所以爆炸极限范围变宽。

但瓦斯爆炸上限不会一直上升,爆炸下限也不会持续下降,随环境温度升高最终会存在一个临界爆炸极限值,无论环境温度出现什么变化,爆炸极限都不会超过这一极限值。这是因为当瓦斯浓度增大到某一值时,由于没有足够维持反应继续的氧气,无论环境条件如何改变以加强瓦斯的爆炸强度,也都不会发生爆炸;同理,当瓦斯浓度下降到某一值时,由于没有足够的瓦斯用来维持链式反应继续进行,无论如何改变环境条件以激励气体分子的活跃性,都不会发生爆炸。

从图 3-36 可以看出,爆炸下限随着环境温度的升高而逐渐降低,但其变化幅度相对于爆炸上限的变化幅度比较小。环境温度为 200 ℃时,实验测得的瓦斯爆炸下限为 4.26%,相比 25 ℃时的爆炸下限仅降低了 0.79 个百分点;而相同条件下,爆炸上限增加了 1.9 个百分点。这是因为,在爆炸下限附近,瓦斯浓度较低,化学反应处于富氧状态,过多的空气尤其是氮气充当了惰性气体,使甲烷、氧气分子有效相互碰撞的机会较少;分子链式反应产生的自由基,也由于过量空气或其他气体的冷却作用,阻止了火焰的蔓延和反应的进一步发生。而在爆炸上限附近,瓦斯气体分子过剩,当温度升高时,增加了高活性的氧气分子和氧自由基的数目,甲烷分子与氧分子的有效碰撞机会增多,反应加速,反应放出的热量进一步促进了反应的进行;且温度升高降低了爆炸临界的氧含量,提高了完全钝化瓦斯气体所需的惰性气体浓度,所以在爆炸上限附近反应更容易发展成快速连锁的爆炸反应,故环境温度对爆炸上限的影响较大。

虽然随环境温度的升高瓦斯爆炸下限的变化幅度相对较小,但这并不能说明环境温度对瓦斯爆炸下限的影响不大。实验得出,25 ℃时瓦斯爆炸的上、下限值分别为 15.8％、5.05％,而 200 ℃时爆炸上、下限值分别为 17.7％、4.26％。所以,在该实验条件下瓦斯爆炸上限的上升率为 12％,而瓦斯爆炸下限的下降率为 15.6％,大于上限的上升率。从这方面来看,环境温度对瓦斯爆炸下限的影响仍比较明显。瓦斯爆炸上限随环境温度的变化规律对于低浓度煤层气的输送、提纯工艺的安全性有重要意义,而爆炸下限随温度的变化对煤矿井下安全生产有着重要意义,即使变化幅度很小,对特殊条件下的生产工艺过程仍会造成较大的爆炸危险性。由于实验条件的限制,本书仅对 200 ℃以内的温度范围进行测试研究,更高温度条件下的变化规律需今后进一步研究。

二、环境温度对瓦斯爆炸特性影响的数值模拟研究

不同环境温度下气体分子动能不同,从而活性分子数目也不同,进而影响点火以及点火后的火焰发展状况。本节通过建立物理和数学模型,研究环境温度对瓦斯爆炸特性,主要是爆炸温度、爆炸压力及火焰锋面移动速度等的影响。

模拟初始条件如下:初始温度变化范围:298～773 K(25～500 ℃),共分为 14 个温度水平,分别为 298 K、323 K、348 K、373 K、398 K、423 K、448 K、473 K、523 K、573 K、623 K、673 K、723 K、773 K;初始压力:101 325 Pa;初始组分条件(质量分数):CH_4 为 5.3％,O_2 为 21％,N_2 为 73.7％;点火能量:10 J,容器中心点点火;爆炸容器容积及形状:20 L,球形。

(一)不同环境温度对爆炸温度的影响

图 3-37～图 3-39 分别为不同温度条件下,距点火中心 0.05 m、0.10 m、0.15 m的温度变化曲线。表 3-16 详细列出了火焰锋面经过测点的时间与温度,根据表 3-16 作出了火焰锋面经过时各测点温度曲线,如图 3-40 所示。

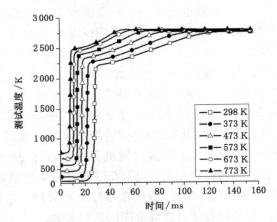

图 3-37　0.05 m 处温度变化曲线

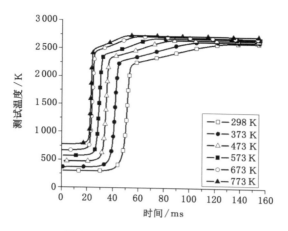

图 3-38　0.10 m 处温度变化曲线

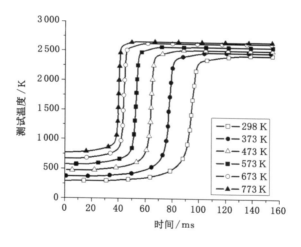

图 3-39　0.15 m 处温度变化曲线

表 3-16　火焰锋面经过测点的时间与温度

环境温度/K	测点与点火点距离					
	0.05 m		0.10 m		0.15 m	
	时间/ms	温度/K	时间/ms	温度/K	时间/ms	温度/K
298	33	2 228	58	2 252	104	2 352
373	27	2 283	49	2 297	84	2 386
473	21	2 344	40	2 356	71	2 443

表 3-16(续)

环境温度/K	测点与点火点距离					
	0.05 m		0.10 m		0.15 m	
	时间/ms	温度/K	时间/ms	温度/K	时间/ms	温度/K
573	19	2 412	37	2 417	59	2 501
673	15	2 456	29	2 478	49	2 563
773	13	2 498	28	2 529	46	2 623

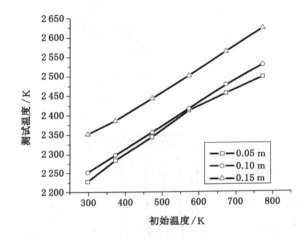

图 3-40　火焰锋面经过时各测点的温度曲线

由图 3-37~图 3-39可以看出,点火后爆炸罐体内各测点处温度起初上升很缓慢,随反应的进行,火焰锋面到达后,温度急剧上升,当上升到某一值时,出现拐点,温度继续升高但上升速率比较平缓,经过一段时间逐渐趋于稳定。

在距离点火点相同距离的测点处,初始环境温度较高时,火焰锋面先到达测点,而且时间差随着燃烧的发展逐步扩大。由表 3-16 可得到,环境温度为298 K和773 K时火焰锋面到达 0.05 m 处的时间相差 20 ms,这一值在 0.10 m处为 30 ms,0.15 m 处为 58 ms。初始环境温度为 298 K 时燃烧完全的时间大约是 773 K 时的 2 倍。这是由于随着环境温度的升高,分子平均动能增加,分子间的有效碰撞概率增加,加快了燃烧爆炸反应速率。

火焰锋面到达后,环境温度高的燃烧温度比环境温度低的略高,由图 3-40和表 3-16 可以看到,爆炸温度增量与初始环境温度呈线性关系,每 100 K 环境温度之间爆炸温度增量在 50 K 左右;火焰锋面经过后,测点温度还有一定的上升,随着燃烧反应的进行,温度逐渐趋于一致,并保持稳定。但这并不是燃烧爆炸后真实的爆炸温度,而是因为爆炸完成后模拟算法的继续迭代,由于湍流的影响和壁面条件的限制,火焰波叠加,趋于紊乱状态,使得温度在火焰锋面过后继续增加。

分析可知,爆炸罐内的热量来源有两个,一个是预混气体带入的物理热量,另一个是预混气体可燃部分发生化学反应释放出的热量。对比图 3-37～图 3-39 中各条曲线可知,预混气体可燃部分燃烧后,反应释放的热量基本不变,导致火焰温度升高的主要原因是初始气体温度升高,带入的物理热量增多。

由图 3-40 可以看出,距点火中心越远,火焰锋面经过各测点时的温度越高,而且与距点火点距离呈指数分布关系,在不同初始温度条件下,相邻测点的温度增长值相近。

(二)不同环境温度对爆炸压力的影响

由于爆炸过程中整个爆炸罐内压力分布差异不大,因此取壁面处压力变化为研究对象。通过模拟,作出了不同环境温度条件下,距点火中心 0.15 m 处的爆炸压力变化曲线、最大爆炸压力曲线以及最大爆炸压力下降比率曲线,如图 3-41～图 3-43 所示。

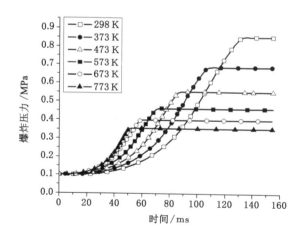

图 3-41　0.15 m 处爆炸压力变化曲线

由图 3-41 可以看出,点火后,爆炸压力均逐渐上升,经过一段时间到达最大值,六种状态下,爆炸压力曲线的发展趋势一致。但是,随着初始环境温度的升高,六种状态下的最大压力值不同,而且到达最大压力的时间也不同。环境温度为 298 K 时,到达最大压力值的时间大约为 130 ms,最大压力值为 0.85 MPa;环

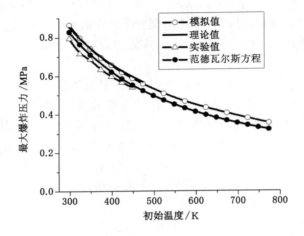

图 3-42　最大爆炸压力曲线

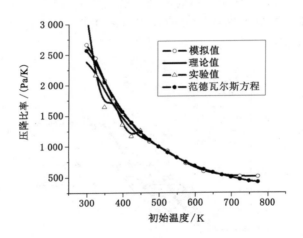

图 3-43　最大爆炸压力下降比率曲线

境温度为 773 K 时,到达最大压力值的时间大约为 50 ms,最大压力值为 0.35 MPa。随着初始温度的升高,最大压力值减小,但更早到达最大压力值。其最主要的原因是,在初始环境压力和体积不变的情况下,环境温度的升高会造成预混气体物质的量的减少。

图 3-42 和图 3-43 中,理论值曲线为假设预混气体同时点火燃烧的最大爆炸压力理论值,范德瓦尔斯方程曲线为根据范德瓦尔斯方程计算得到的理论值。从图 3-42 和图 3-43 可以看出,最大爆炸压力随着初始环境温度的升高逐渐减

小,并且其变化率随着环境温度升高也逐渐减小。初始环境温度为 298 K 时,模拟值为 2 666 Pa/K,理论曲线值为 2 380 Pa/K,实验值为 3 180 Pa/K,范德瓦尔斯曲线值为 2 570 Pa/K;初始环境温度为 473 K 时,模拟值为 1 080 Pa/K,理论曲线值为 1 091 Pa/K,实验值为 1 160 Pa/K,范德瓦尔斯曲线值为 1 110 Pa/K。

（三）不同初始温度对火焰速度的影响

模拟作出了不同初始环境温度下火焰速度随时间和距点火点距离变化的曲线,如图 3-44 和图 3-45 所示。

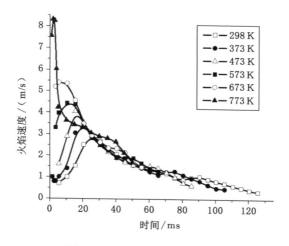

图 3-44　不同时刻火焰速度曲线

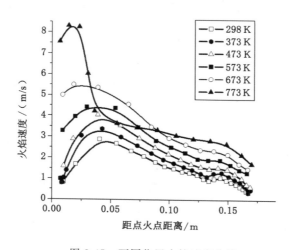

图 3-45　不同位置火焰速度曲线

由图 3-44 可以看出,初始温度为 298 K、373 K、473 K 的速度曲线的发展过程可以分为三个阶段:第一阶段为点火阶段,在低温 298 K、373 K 时,火焰刚开始时的速度上升较为平缓,在高温 473 K 时,火焰一旦出现,其速度将快速升高。第二阶段为火焰速度快速上升阶段,主要是受到点火源能量的影响,点火源在瞬间产生高温区域,使这一区域内的瓦斯快速燃烧,反应剧烈,火焰速度迅速达到最大值。第三阶段为火焰速度逐渐减小阶段。点火源能量释放完毕后,高温区域温度向外扩散,温度降低,瓦斯反应减缓,火焰速度出现下降区段。另外,比较这三条曲线的发展趋势可以看到,每一个阶段出现的时刻都随着初始温度的升高提前。分析可知,这是由于初始温度升高,预混气体已经具有较高的能量,缩短了瓦斯燃烧的感应时间。这也就可以理解,为什么在初始温度为 573 K、673 K、773 K 的火焰速度曲线上已经看不到平缓上升阶段。因为统计时间是从 0.5 ms 开始的,在 0~0.5 ms 时间段内,较高初始温度的预混气体已经发展成为稳定燃烧。比较六条曲线,可以很明显地发现,随着初始温度的升高,最大火焰速度成指数增长。

在图 3-45 中,初始温度为 298 K、373 K、473 K 时,火焰速度最大值都出现在 0.04 m 附近,初始温度大于 573 K 之后,火焰速度最大值位置明显更远离壁面,并且随初始温度升高,离壁面距离增大。分析原因如下:开始阶段,壁面对火焰速度发展影响较小,火焰速度逐渐增大;而后距离壁面越近,火焰速度受壁面影响越严重,速度逐渐降低。

第四节　超低温环境对瓦斯爆炸特性的影响

一、超低温环境对瓦斯爆炸特性影响的实验研究

(一)低浓度煤层气含氧液化工艺爆炸危险性分析

低温精馏液化单元是一个典型的瓦斯气体处在超低温环境的工况,同时也是低浓度煤层气含氧液化工艺中最为关键的环节。在该单元工况内,深冷液化过程中各组分单元气体由气相变为液相。其中,该步转化过程是逐步进行的,致使各种气体的气相组分逐渐变小,直到最后全部液化。三种气体(甲烷、氧、氮)的沸点分别为 $-161.5\ ℃$、$-183.1\ ℃$ 和 $-195.8\ ℃$,由此可见,液化过程中甲烷首先进行液化,其次是氧和氮。因此在煤层气液化至过冷的过程中,甲烷含量必定穿过爆炸极限范围,使液化过程的安全性降低。

采用 HYSYS 对其进行了计算,所得精馏塔内各组分状态分布模拟数据[原料气处理量为 12 500 Nm³/h,操作压力为 0.22 MPa(表压)]如表 3-17 所列。液相和气相各组分随温度的变化情况如图 3-46 所示。

表 3-17　精馏塔内各塔板组分状态分布

塔板	温度/℃	甲烷/%		氧气/%		氮气/%		各相流量/(kmol/h)	
		液相	气相	液相	气相	液相	气相	液相	气相
1	−180.4	7.488	0.804	39.779	19.627	52.733	79.569	69.42	364.46
2	−178.8	16.956	1.873	39.725	22.851	43.318	75.276	64.23	433.88
3	−177.4	29.553	3.224	33.438	22.639	37.009	74.138	58.86	428.69
4	−176.0	42.783	4.801	26.280	21.547	30.937	73.652	54.10	423.32
5	−174.7	52.114	6.229	21.289	20.487	26.596	73.283	406.69	418.56
6	−171.0	54.137	9.220	31.611	40.109	14.252	50.672	403.37	213.46
7	−167.9	55.255	12.426	38.379	60.218	6.366	27.356	403.81	210.14
8	−166.2	55.986	14.655	41.450	73.137	2.564	12.208	404.55	210.58
9	−165.2	57.325	16.199	41.704	78.893	0.971	4.908	403.74	211.33
10	−164.1	61.392	18.613	38.268	79.525	0.341	1.863	399.32	210.51
11	−161.6	71.486	25.662	28.413	73.678	0.100	0.660	389.84	206.09
12	−156.5	85.143	43.955	14.834	55.845	0.022	0.199	382.96	196.62
13	−150.9	94.291	70.522	5.705	29.433	3.906 5×10⁻³	0.045	384.65	189.74
14	−147.7	98.169	89.032	1.830	10.960	6.014 2×10⁻⁴	7.766 0×10⁻³	387.76	191.42
15	−146.5	99.500	96.847	0.500	3.152	8.314 5×10⁻⁵	1.116 2×10⁻³	193.23	194.53

从图 3-46 可以看出,在精馏塔内部不同温度条件下,气相组分甲烷的浓度是会处在爆炸极限范围内,且在此状态下,甲烷气体处于富氧状态,并有相应的液相组分,一旦遇到点火源,存在爆炸的危险性,但在如此低的温度条件下能否发生爆炸以及爆炸威力的大小都有待进行实验验证。

(二)超低温环境条件下的爆炸压力分析

运用超低温气体爆炸特性测试系统,针对煤层气深冷液化工艺的给定工况条件进行爆炸性模拟测试,所得实验结果如表 3-18 和表 3-19 所列。

从表 3-18 可以看出,随着环境压力的增加和环境温度的降低,甲烷的爆炸压力在逐渐增大,而对应深冷液化工艺中,瓦斯气体的环境温度逐渐降低,预示处于爆炸极限的混合气体发生爆炸后的威力更大。

通过表 3-19 可以看出,在初始压力为 0.2 MPa、初始温度为 −161 ℃时,浓度为 28% 的甲烷、浓度为 61% 的氧气以及浓度为 11% 的氮气所形成的可燃气体混合物,在 160 mJ 的点火能量下发生了爆炸,爆炸威力相当大,达到

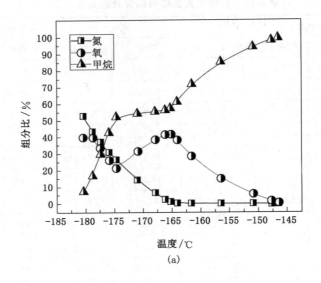

(a)

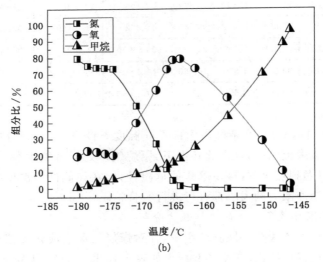

(b)

图 3-46 液相和气相各组分随温度的变化情况
（a）液相；（b）气相

34.4 MPa，且超出压力传感器的量程，说明深冷液化工艺存在爆炸危险性，且一旦发生爆炸情况，其危害性更大。因此，在甲烷浓度及氧气浓度无法控制的情况下，需从点火源以及抑爆阻爆的角度来控制其爆炸。

表 3-18　低温条件下甲烷爆炸特性实验结果

序号	环境压力/MPa	环境温度/℃	甲烷浓度/%	点火能量/J	爆炸压力/MPa
1	0.049	−16	10.1	10	0.786
2	0.123	−25	10.1	10	1.25
3	0.270	−105	13.0	10	>6.8

表 3-19　深冷液化工艺模拟工况条件下爆炸性实验结果

序号	初始温度/℃	初始压力/MPa	甲烷浓度/%	氧气浓度/%	氮气浓度/%	点火能量/mJ	爆炸压力/MPa	备注
1	−161	0.2	28	61	11	20	—	未爆炸
2	−161	0.2	28	61	11	40	—	未爆炸
3	−161	0.2	28	61	11	60	—	未爆炸
4	−161	0.2	28	61	11	80	—	未爆炸
5	−161	0.2	28	61	11	100	—	未爆炸
6	−161	0.2	28	61	11	120	—	未爆炸
7	−161	0.2	28	61	11	140	—	未爆炸
8	−161	0.2	28	61	11	160	>34.4	爆炸

二、超低温环境对瓦斯爆炸特性影响的数值模拟研究

（一）低温爆炸压力特性

图 3-47 为不同环境温度条件下密闭容器内爆炸压力随时间的变化情况,并与常温常压条件下的实验值进行对比。从图 3-47(a)中可以看出,常温常压情况下的模拟结果与实验结果在爆炸压力的上升过程中具有较高的重复性,证明了所采用数值计算方法的正确性,说明该数值计算方法适用于不同温度条件下的甲烷爆炸模拟研究。最大爆炸压力随着温度的降低而升高,$T=298$ K 时,最大爆炸压力为 0.80 MPa 左右,当温度降低至 $T=198$ K 时,最大爆炸压力升高至 1.20 MPa 左右,中间温度 $T=223$ K、$T=248$ K、$T=273$ K 时,最大爆炸压力分别为 1.06 MPa、0.97 MPa、0.88 MPa。

将不同温度条件下的爆炸压力曲线归一化之后如图 3-47(b)所示,此时五种温度下的压力曲线在初始上升阶段几乎完全重合,比较五条曲线的上升曲率可以发现,环境温度越低,最大爆炸压力就越大,到达最大爆炸压力的时间就越长。

表 3-20 给出了不同环境温度条件下的最大爆炸压力计算值和常温条件下的

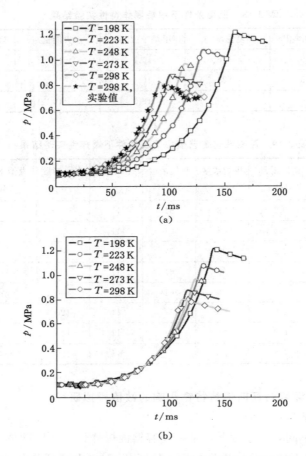

图 3-47　不同环境温度条件下密闭容器内爆炸压力随时间变化曲线
（a）计算值与实验值；（b）归一化处理

测试值，其中，φ_{CH_4} 为甲烷浓度，p_0 为初始环境压力，T_0 为初始环境温度，p_{max} 为最大爆炸压力（这里指绝对压力）。可以看出，随着环境温度的降低，在反应体系体积和初始环境压力不变的情况下，密闭容器内气体的物质的量会逐步增大，而混合气体的最大爆炸压力也会不断上升。在本模拟条件下，当环境温度由298 K降低到198 K时，最大爆炸压力从 0.80 MPa 升高到 1.20 MPa，是原来的 1.5 倍。

　　根据标准气体状态方程，如果压力不变，当环境温度降低时，气体分子间的距离减小，单位空间内的物质的量增加，一旦发生爆炸，气体完全反应后释放的总能量会远大于常温情况，反应体系内气体在释放能量的作用下压缩效应更明显，因此容器内的爆炸压力就更大。

表 3-20　不同环境温度条件下的最大爆炸压力

$\varphi_{CH_4}/\%$	p_0/MPa	T_0/K	p_{max}/MPa	备注
10.1	0.101	298	0.802	实验值
10.1	0.101	298	0.80	模拟值
10.1	0.101	273	0.88	模拟值
10.1	0.101	248	0.97	模拟值
10.1	0.101	223	1.06	模拟值
10.1	0.101	198	1.20	模拟值

（二）爆炸流场结构及火焰传播分析

图 3-48(a)、(b)、(c)分别为模拟 198 K 低温条件下甲烷爆炸过程的温度场、径向速度场和化学反应速率在不同时刻的分布云图。从中可以看出，甲烷爆炸在一个极细的化学反应区内进行，并且随着爆炸的发展，化学反应区不断向壁面处推进；反应后气体温度可高达 2 000 K；爆炸径向流动在未反应区为正流动，而在反应区内为负流动。甲烷爆炸传播过程是一个复杂的伴随不同物质流动的化学反应过程，在化学反应区域前沿建立起火焰阵面，随着爆炸的发展过程迅速向壁面处推进；化学反应的能量释放形成压力差，并分别在反应区和未反应区形成负流动和正流动区域；随火焰阵面的推进，反应区和未反应区的大小、流动状态均发生改变，而随着环境温度的降低，其反应区和未反应区之间的温度梯度会越来越大，化学反应越来越激烈。

数值模拟得出的低温情况下的化学反应推进过程及流场结构的演化过程与常温、常压条件下的燃烧爆炸过程基本类似。而火焰传播情况是不同环境温度对爆炸微观反应过程影响的宏观体现，也是分析爆炸传播过程中流场结构变化情况的主要参考。图 3-49 分别给出了常温、常压（298 K、0.101 MPa）和低温、常压（198 K、0.101 MPa）环境条件下的火焰传播速度随距离和时间的变化情况。

从图 3-49 可以看出火焰传播分为四个阶段：① 点火阶段。在点火的中心区域，火焰以较低的速度传播，此段距离约为 0～0.015 m。② 加速传播阶段。此过程中火焰传播速度从点火阶段的较低传播速度迅速上升至最大传播速度，此段位置在距点火点 0.015～0.04 m 处。③ 衰减传播阶段。火焰传播速度逐渐从最大传播速度开始衰减，直至达到罐壁，此段处在距点火点 0.04～0.172 m 处。④ 猝灭阶段。此阶段由于接触罐壁，火焰开始猝灭，直至化学反应区完全消失，火焰熄灭。

低温环境工况的火焰传播行为与常温情况下的火焰传播行为有明显的差别。

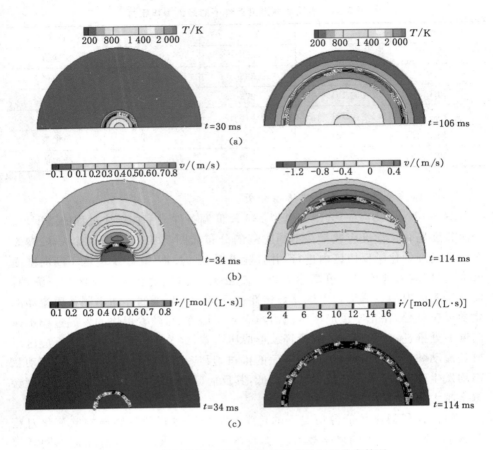

图 3-48　低温情况下甲烷爆炸过程中的场量分布情况
(a) 温度场；(b) 径向速度场；(c) 化学反应速率

在低温环境条件下，点火阶段持续时间相对于常温、常压工况较长（约为 22 ms），占有的区域也较大（区域半径约为 14 mm），并且整个过程中的最大火焰传播速度仅为 1.78 m/s，远低于常温、常压情况下的 2.82 m/s，直接导致容器内火焰持续时间从 120 ms 提升至 184 ms，到达最大爆炸压力的时间从 90 ms 增长到 160 ms。其原因与物质间的初始反应活性有关，分子发生化学反应，需要吸收一定的能量破坏既有分子间的结构，并与其他分子结合，形成新的生成物。当环境温度较低时，原反应释放的能量一部分要通过一定的时间提升环境温度，才能达到与常温一致的工况。相对常温情况而言，低温环境的分子反应活性较低，反应持续时间延长，致使火焰传播速度变慢。

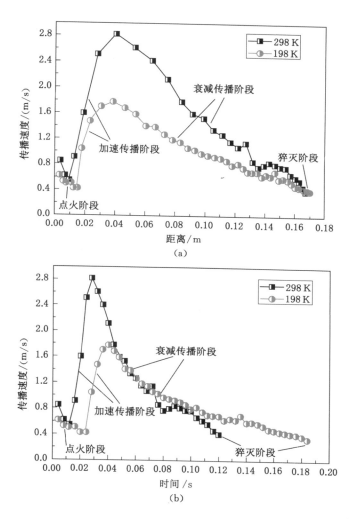

图 3-49 不同环境条件下火焰传播速度随距离和时间的变化情况

（a）传播速度-距离；（b）传播速度-时间

第五节 点火能量对瓦斯爆炸特性的影响

一、点火能量对瓦斯爆炸特性影响的实验研究

（一）点火能量对瓦斯爆炸极限的影响

若要使爆炸发生，化学反应放出的热量必须能维持后续的化学反应以及火

焰持续传播所需要的热量。当瓦斯浓度高于其爆炸上限或低于其爆炸下限时，甲烷或者氧气相对富裕，化学反应生成的热量以及分解形成的活化中心不足以发展成为连锁反应，这时瓦斯混合气体遇点火源不发生爆炸。

瓦斯气体的爆炸极限为 5％～16％，但这并不是固定不变的。理论研究认为，增大点火能量，瓦斯混合气体爆炸下限变低、爆炸上限变高；减小点火能量情况正好相反。通过实验，对不同点火能量条件下的瓦斯爆炸极限进行了测定，结果如表 3-21 所列。

表 3-21　点火能量对瓦斯爆炸极限的影响实验结果

序号	点火能量/J	瓦斯爆炸上限/％	瓦斯爆炸下限/％
1	0.1	15.4	5.22
2	0.5	15.4	5.21
3	1	15.4	5.21
4	10	15.5	5.19
5	50	15.9	5.12
6	100	16.3	5.03
7	200	16.5	4.90
8	400	16.8	4.86

1. 爆炸上限

根据表 3-21 中的实验数据将瓦斯爆炸上限随点火能量的变化绘制成曲线并进行数据拟合，曲线如图 3-50 所示，拟合公式如式（3-7）所示。

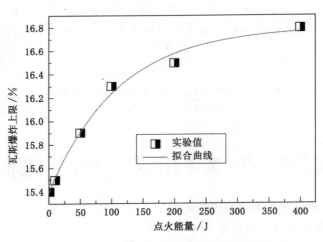

图 3-50　点火能量对瓦斯爆炸上限的影响曲线

$$y = \frac{a}{1 + \exp(-k(x - x_c))} \quad (0.1 \text{ J} \leqslant x \leqslant 400 \text{ J})$$

$$R^2 = 0.992\,55$$

(3-7)

式中,y 为瓦斯爆炸上限,%;x 为点火能量,J;a,x_c,k 为常数,其数值如表 3-22 所列。

表 3-22　拟合函数各参数对照表

参数	a	x_c	k
数值	16.796	-245.8	0.009 7

从图 3-50 可以看出,随着初始点火能量的增加,瓦斯爆炸上限越来越大。究其原因,在爆炸上限附近,混合气体中的氧分子相对较少,分子间的有效碰撞频率相对降低,这时必须产生足够多的自由基才能使反应继续下去。随着点火能量的增大,由点火源提供给爆炸系统的能量增大,增大的能量单位时间内能使系统产生更多的自由基参与化学反应,这就使得本来稳定的系统变成可燃、可爆的系统。

在点火能量为 0.1~400 J 的研究范围内,其前半段范围(0.1~200 J)对应的瓦斯爆炸上限变化幅度相对于后半段范围(200~400 J)对应的爆炸上限变化幅度要大,这是由于前半段范围内混合气体中氧的含量相对于当量爆炸浓度偏离不太大,混合气体中甲烷和氧分子碰撞频率较高,这时只需要不太高的点火能量就能使爆炸开始并持续下去,而后半段混合气体中氧的含量相对于当量爆炸浓度偏离较大,混合气体中甲烷和氧分子碰撞频率变小,这时就要较大的点火能量去引发爆炸,这也是图 3-50 中拟合曲线前半段较陡而后半段较平缓的原因。

2. 爆炸下限

根据表 3-21 中的实验数据将瓦斯爆炸下限随点火能量的变化绘制成曲线并进行数据拟合,曲线如图 3-51 所示,拟合公式如式(3-8)所示。

从图 3-51 可以看出,随着初始点火能量的增加,瓦斯爆炸下限越来越小。究其原因,在爆炸下限附近,混合气体中的甲烷分子相对较少,分子间的有效碰撞频率相对较低,这时必须产生足够多的自由基才能使反应继续下去,随着初始点火能量的增大,由点火源提供给爆炸系统的能量增大,增大的能量单位时间内能使系统产生更多的自由基参与化学反应,这就使得本来稳定的系统变成可燃、可爆的系统。

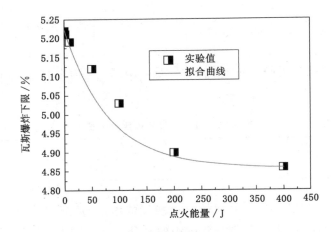

图 3-51　点火能量对瓦斯爆炸下限的影响曲线

$$y = y_0 + A_1 \exp\left(\frac{-(x - x_0)}{t_1}\right) \quad (0.1 \text{ J} \leqslant x \leqslant 400 \text{ J}) \qquad (3\text{-}8)$$
$$R^2 = 0.899\ 23$$

式中,y 为瓦斯爆炸下限,%;x 为点火能量,J;y_0,x_0,A_1,t_1 为常数,其数值如表 3-23 所列。

表 3-23　拟合函数各参数对照表

参数	y_0	x_0	A_1	t_1
数值	4.857 1	0.1	0.362 9	82.823 9

在点火能量为 0.1~400 J 的研究范围内,其前半段范围(0.1~200 J)对应的瓦斯爆炸下限变化幅度相对于后半段范围(200~400 J)对应的爆炸下限变化幅度要大,这是由于前半段范围内混合气体中甲烷的含量相对于当量爆炸浓度偏离不太大,混合气体中甲烷和氧分子碰撞频率较高,这时只需要不太高的点火能量就能使爆炸开始并持续下去,而后半段混合气体中甲烷的含量相对于当量爆炸浓度偏离较大,混合气体中甲烷和氧分子碰撞频率变小,这时就要较大的点火能量去引发爆炸,这也是图 3-51 中拟合曲线前半段较陡而后半段较平缓的原因。

（二）点火能量对瓦斯爆炸压力的影响

点火能量对瓦斯爆炸压力的影响主要体现在两个方面:最大爆炸压力和最大爆炸压力上升速率。通过实验,对不同点火能量条件下的瓦斯爆炸最大压力和最大压力上升速率进行了测定,结果如表 3-24 所列。

表 3-24　点火能量对瓦斯爆炸压力的影响

序号	瓦斯浓度/%	点火能量/J	最大爆炸压力/MPa	最大压力上升速率/(MPa/s)
1	10	0.1	0.687	14.88
2	10	0.5	0.687	15.75
3	10	1	0.700	16.23
4	10	10	0.708	16.95
5	10	50	0.712	17.38
6	10	100	0.722	17.75
7	10	200	0.723	17.86
8	10	400	0.725	18.21

　　根据表 3-24 中的实验数据将瓦斯爆炸最大压力随初始点火能量的变化绘制成曲线并进行数据拟合,曲线如图 3-52 所示,拟合公式如式（3-9）所示。

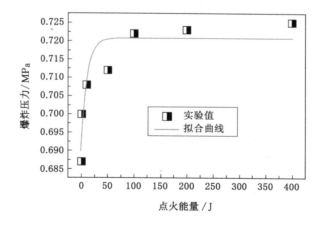

图 3-52　最大爆炸压力随初始点火能量的变化曲线

$$y = a - bc^x \quad (0.1 \text{ J} \leqslant x \leqslant 400 \text{ J})$$
$$R^2 = 0.850 \tag{3-9}$$

式中,y 为最大爆炸压力,MPa;x 为点火能量,J;a,b,c 为常数,其数值如表 3-25 所列。

表 3-25　拟合函数各参数对照表

参数	a	b	c
数值	0.72	0.03	0.91

从图 3-52 可以看出,随着初始点火能量的升高,瓦斯最大爆炸压力也升高,升高幅度越来越小。在 0.1 J、10 J、100 J 和 400 J 四个点火能量条件下,瓦斯最大爆炸压力分别为 0.687 MPa、0.708 MPa、0.722 MPa 和 0.725 MPa。初始点火能量由 0.1 J 变化到 10 J 时,最大爆炸压力增大了 3.1%;初始点火能量由 100 J 变化到 400 J 时,最大爆炸压力仅增大了 0.42%。究其原因,点火能量对瓦斯爆炸的影响主要是在起爆瞬间,在起爆瞬间,较高的点火能量容易使单位时间内有较多的甲烷分子与氧分子参与反应,当爆炸反应开始后,爆炸的主要影响因素转变成了爆炸的热反馈以及爆炸气体的湍流状态,此时,点火能量对爆炸进程的影响可以忽略。由理论分析可知,最大爆炸压力主要受初始压力和火焰温度的影响,由于点火能量对初始压力没有影响,对火焰温度的影响也有限,因此,从理论分析看,初始点火能量对瓦斯爆炸的最大压力影响较小。

根据表 3-24 中的实验数据将瓦斯爆炸最大压力上升速率随初始点火能量的变化绘制成曲线并进行数据拟合,曲线如图 3-53 所示,拟合公式如式(3-10)所示。

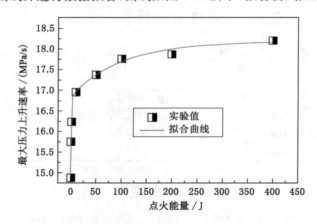

图 3-53　最大爆炸压力上升速率随初始点火能量的变化曲线

$$y = A_1 \exp\left(\frac{x}{t_1}\right) + A_2 \exp\left(\frac{x}{t_2}\right) + y_0 \quad (0.1 \text{ J} \leqslant x \leqslant 400 \text{ J})$$
$$R^2 = 0.992\,58 \tag{3-10}$$

式中,y 为最大压力上升速率,MPa/s;x 为点火能量,J;A_1,t_1,A_2,t_2,y_0 为常

数,其数值如表 3-26 所列。

表 3-26　拟合函数各参数对照表

参数	A_1	t_1	A_2	t_2	y_0
数值	-2.2243	-0.7475	-1.3345	-100.85	18.1734

从图 3-53 可知,点火能量对最终的瓦斯爆炸最大压力上升速率有较明显的影响,点火能量越大,瓦斯爆炸最大压力上升速率越大,但这种影响在点火能量为 $0.1\sim100$ J 时比较明显,当高出这一范围时,其影响效果就变得较为微弱,这时最大爆炸压力也会有所上升,但基本趋于平缓,也可以说点火能量在 $0.1\sim100$ J 区间范围内对最大爆炸压力上升速率有明显影响。

图 3-54 中比较了 0.1 J、1 J、50 J、400 J 不同点火能量条件下的最大压力上升速率(压力曲线上升时刻的最大斜率),从中可直观地看出不同点火能量条件下的最大压力上升速率是不一样的,其曲线随着点火能量的增大而变得更加陡峭。

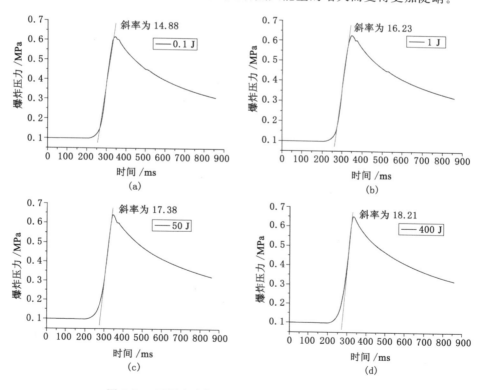

图 3-54　不同点火能量条件下的最大压力上升速率

（三）点火能量对点火延迟时间的影响

瓦斯爆炸反应初期，较高的点火能量更有利于爆炸反应自由基的产生，因而能在更短的时间内使系统发生爆炸，也就是点火能量越大，点火延迟时间越短。通过实验，对不同点火能量条件下的瓦斯爆炸点火延迟时间进行了测定，结果如表 3-27 所列。

表 3-27　点火能量对点火延迟时间的影响

序号	瓦斯浓度/%	点火能量/J	点火延迟时间/ms
1	10	0.1	28.3
2	10	0.5	27.2
3	10	1	26.4
4	10	10	25.2
5	10	50	23.4
6	10	100	22.8
7	10	200	21.3
8	10	400	20.2

根据表 3-27 中的实验数据将瓦斯点火延迟时间随初始点火能量的变化绘制成曲线并进行数据拟合，曲线如图 3-55 所示，拟合公式如式（3-11）所示。

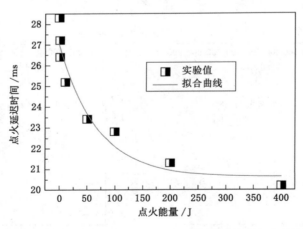

图 3-55　点火延迟时间随点火能量的变化曲线

$$y = y_0 + A\exp(R_0 x) \quad (0.1\ \mathrm{J} \leqslant x \leqslant 400\ \mathrm{J})$$
$$R^2 = 0.910\ 02$$
（3-11）

式中,y 为点火延迟时间,ms;x 为点火能量,J;y_0,A,R_0 为常数,其数值如表 3-28 所列。

表 3-28　拟合函数各参数对照表

参数	y_0	A	R_0
数值	20.62	6.433	-0.01

从式(3-11)可以看出,点火延迟时间与点火能量呈指数函数关系变化,随着点火能量的加大,点火延迟时间减小的速度变缓。因为从瓦斯空气混合气体被点火,到发生剧烈连锁反应产生爆炸,本身要经历一定的时间,这段时间主要是爆炸气体升温,分子化学键断裂,形成自由基,这段时间会随着点火能量的变大而相应地变小,但无论外部条件如何变化,这段时间都会存在。

从图 3-55 可以看出,点火能量的大小明显影响了点火延迟时间的长短。如点火能量为 0.1 J 时,瓦斯点火延迟时间为 28.3 ms;而点火能量为 400 J 时,其点火延迟时间则变化为 20.2 ms。随着点火能量的增大,其点火延迟时间明显缩短。这是因为,点火能量越大,就越容易引起火源周围更多的瓦斯参与反应,连锁反应相应加快,爆炸压力上升的速率也相应加快,点火延迟时间也就越短;反之,点火能量越小,第一时间参加反应的瓦斯也就越少,反应速度减慢,点火延迟时间也就越长,当点火能量减小到一定值时,将无法点燃瓦斯,这时点火延迟时间就相当于无限长。

二、点火能量对瓦斯爆炸特性影响的数值模拟研究

点火能量增大会使容积温度升高,反应速率增大,也会产生更多的活化分子,加速链反应,从而缩短点火阶段的时间。同样,点火能量增大,使得燃烧发展过程获得了一个很好的初始条件,也使得燃烧阶段反应速率变大,瓦斯爆炸达到最大爆炸压力的时间缩短,爆炸压力上升速率变大。现通过建立物理和数学模型,研究点火能量对瓦斯爆炸特性的影响。

初始条件:点火能量变化范围:1~400 J,共分为 10 个水平,分别为 1 J、10 J、60 J、100 J、150 J、200 J、250 J、300 J、350 J、400 J;环境压力:101 325 Pa;环境温度:298 K;初始组分条件(质量分数):CH_4 为 5.3%,O_2 为 21%,N_2 为 72.7%;爆炸容器容积、形状:20 L,球形。

通过模拟作出了 1 J、10 J、100 J、250 J、400 J 等不同点火能量条件下,距点火中心 0.15 m 处的压力变化曲线、最大爆炸压力变化曲线以及最大爆炸压力上升速率变化曲线,分别如图 3-56~图 3-58 所示。

由图 3-56 可以看出,点火后,不同点火能量条件下的压力均逐渐上升,经过

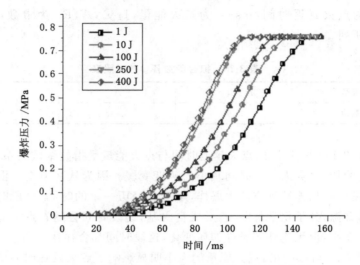

图 3-56　不同点火能量条件下爆炸压力变化曲线图

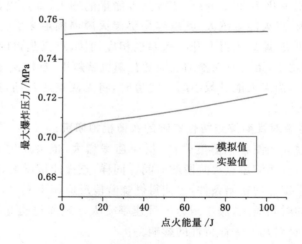

图 3-57　不同点火能量条件下最大爆炸压力变化曲线图

一段时间到达最大值,五种状态下,爆炸压力曲线的发展趋势一致。但是,初始点火能量不同,到达最大压力的时间也不同。点火能量为 1 J 时,到达最大压力值的时间大约为 144 ms,最大压力值为 0.752 MPa(表压);点火能量为 400 J 时,到达最大压力值的时间大约为 107 ms,最大压力值为 0.754 MPa(表压)。随着点火能量的增大,爆炸反应到达最大压力的时间变少,而最大压力值变化较小。

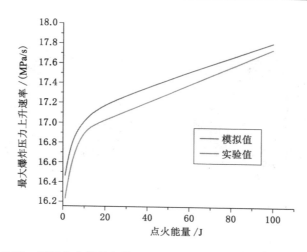

图 3-58　不同点火能量条件下最大爆炸压力上升速率变化曲线图

图 3-57 为实验和模拟结果的最大爆炸压力变化曲线对比图。由图可以看出，实验结果表明预混气体的最大爆炸压力会随着点火能量的增大而增大。点火能量为 1 J 时，最大爆炸压力为 0.700 MPa；点火能量为 100 J 时，最大爆炸压力为 0.722 MPa，上升了 0.022 MPa。而模拟结果显示，点火能量的改变对最大爆炸压力几乎没有影响，点火能量从 1 J 到 100 J 变化时，最大爆炸压力分布在 0.752 MPa（表压）到 0.754 MPa（表压）之间，且呈波动分布，极差为 0.002 MPa。这一现象，主要是由所选用的数值模型为绝热壁面所导致。一方面，实验存在冷却效应，温度压力到达峰值后，会迅速下降；但模拟时，由于设置的是绝热壁面，产生的热量都集中在爆炸罐内，没有了壁面的冷却效应，使得温度和压力能够维持。另一方面，在管道内预混气体燃烧模拟中，都能明显看到压力波的存在，而球形罐内的燃烧是一个小空间的燃烧过程，壁面对压力波的反射作用造成整个区域内压力差不显著。以上两点都造成点火能量差异所产生的时间尺度效应不如实验明显。最后，点火源释放的能量少，对于整个爆炸罐内预混气体燃烧的放热影响可以忽略不计。因此，压力变化也就不会随着点火能的改变而有很明显的改变。

图 3-58 为实验和模拟结果的最大压力上升速率变化曲线对比图。由图可以看到，相同点火能量条件下，模拟值比实验值大，这主要是由于爆炸系统模拟边界条件为绝热假设所致；点火能量在 1～100 J 范围内时，实验值的变化范围为 16.23～17.75 MPa/s，模拟值的变化范围为 16.46～17.81 MPa/s。

通过数值模拟可以得到不同点火能量条件下，不同时刻爆炸容器内各点的压力分布规律，如图 3-59 所示。从图中可以看出，在爆炸反应开始 20 ms 的时

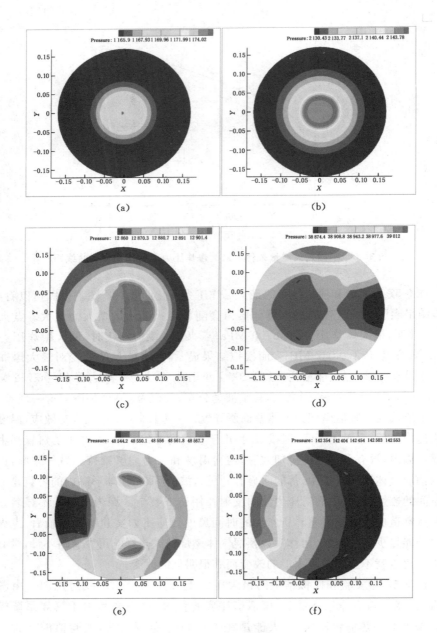

图 3-59　不同点火能量条件下不同时刻的压力分布特征

(a) 300 J,20 ms;(b) 400 J,20 ms;(c) 300 J,40 ms;(d) 400 J,40 ms;

(e) 300 J,60 ms;(f) 400 J,60 ms

刻,300 J点火能量所引燃的气体范围相比 400 J 的要小,压力也要小,此时,火焰锋面呈球形向外传播,从燃烧核心到火焰锋面压力逐渐变小,压力梯度的存在使得火焰锋面能进一步向较低压力区域延伸;随着时间的推移,火焰锋面向未燃区域发展,在 40 ms 左右的时刻,300 J点火能量的爆炸火焰锋面到达球体壁面,爆炸基本完成,此时,400 J点火能量的爆炸早已完成,模拟球体内由于压力的反射叠加等原因,压力分布呈严重不均匀状态;到 60 ms 时刻时,压力分布还是不均匀状态,但相比 40 ms 时刻的状态,60 ms 时的压力分布变得有序。这和我们对瓦斯爆炸的认识相一致,压力分布云图为我们揭示了实验没法得到的任一时刻的压力分布状态。

第四章　耦合环境条件下瓦斯爆炸特性研究

第一节　温度与压力耦合对瓦斯爆炸极限的影响

环境温度与环境压力耦合条件，即同时存在一定的环境温度和气体压力的环境条件，这往往也是煤层气利用工艺过程中很容易出现的一种复杂环境工况。当处于该工况状态的气体处于爆炸极限浓度区间内时则具有较强的爆炸危险性，而先期的研究结果表明爆炸性气体的极限浓度区间受环境状态变化的影响较大，因此需要定量研究环境温度和环境压力耦合条件对爆炸极限的影响情况。

运用特殊环境 20 L 爆炸特性测试系统对环境温度和环境压力耦合条件下瓦斯爆炸极限的变化规律进行研究。实验是在不同环境温度（50～200 ℃）、不同环境压力（0.2～1.0 MPa）条件下进行的，实验用的爆炸气体采用自动配气的方法配制而成，实验室环境温度在 16～30 ℃之间，环境相对湿度在 60%～90%之间。爆炸前罐体内气体相对湿度低于 10%，且处于静止状态，采用高能电火花能量发生器产生的 10 J 电火花作为点火源。

一、温度和压力耦合对瓦斯爆炸上限的影响分析

通过实验，测试得出不同环境温度和环境压力耦合条件下的瓦斯爆炸上限值如表 4-1 所列。

表 4-1　温度和压力耦合条件下的瓦斯爆炸上限　　　　单位:%

温度	压力				
	0.2 MPa	0.4 MPa	0.6 MPa	0.8 MPa	1.0 MPa
50 ℃	18.3	19.6	20.8	21.8	22.6
100 ℃	18.9	20.4	21.7	22.9	23.8
150 ℃	19.4	21.0	22.4	23.7	24.8
200 ℃	19.7	21.4	22.9	24.4	25.6

根据表 4-1 中的实验数据，将瓦斯爆炸上限随环境温度和环境压力的变化

规律分别绘成曲线,如图 4-1 和图 4-2 所示。

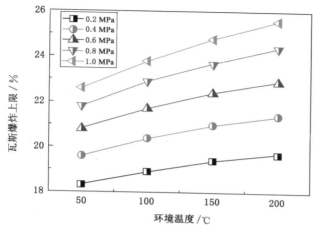

图 4-1　瓦斯爆炸上限随环境温度的变化曲线

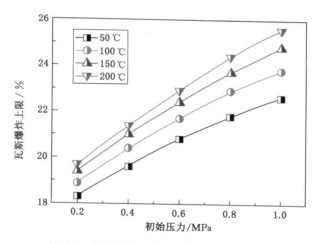

图 4-2　瓦斯爆炸上限随环境压力的变化曲线

从图 4-1 和图 4-2 可以看出,在相同的环境压力条件下,瓦斯爆炸上限随环境温度的增加呈现逐渐上升的趋势,而且在相同的环境温度下,环境压力越大瓦斯爆炸上限越大。在相同的环境温度条件下,瓦斯爆炸上限随环境压力的增加呈现逐渐上升的趋势,而且在相同的环境压力下,环境温度越大瓦斯爆炸上限越大。

随环境温度的增大和环境压力的增加,分子内能增加,系统中活化分子数增加,分子之间的碰撞频率增大,可以产生更多的链式反应自由基,化学连锁反应更容易持续进行下去,使原来的稳定系统变为可燃、可爆系统。而且压力的增大也在一定程度上使得更多的甲烷气体参与起始的爆炸反应,化学反应速率增加,使得原来系统在爆炸临界点的基元反应更活跃。所以,甲烷爆炸上限随环境温度的增大和环境压力的增加逐渐上升。

　　将环境温度和环境压力分别作为 x 轴和 y 轴、瓦斯爆炸上限作为 z 轴作图,得到如图 4-3 所示的曲面。

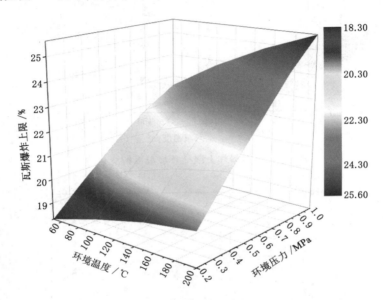

图 4-3　瓦斯爆炸上限随环境温度和环境压力的变化曲面

　　由图 4-3 可以更直观地看出瓦斯爆炸上限随环境温度升高和环境压力增大的变化规律。同时,根据图 4-3 所示曲面可以拟合得到瓦斯爆炸上限随环境温度和环境压力变化的高斯方程式,如下式所示:

$$Z = Z_0 + A \cdot \exp\left[-\frac{1}{2}\left(\frac{T - T_0}{w_1}\right)^2 - \frac{1}{2}\left(\frac{p - p_0}{w_2}\right)^2 \right]$$

$$(50 \,℃ \leqslant T \leqslant 200 \,℃, 0.2 \text{ MPa} \leqslant p \leqslant 1.0 \text{ MPa}) \qquad (4\text{-}1)$$

式中,Z 为瓦斯爆炸上限,%;T 为环境温度,℃;p 为环境压力,MPa;Z_0,A,T_0,w_1,p_0,w_2 为常数,其数值如表 4-2 所列。

表 4-2　耦合条件下拟合函数各参数对照表

参数	Z_0	A	T_0	w_1	p_0	w_2	R^2
数值	14.105 4	12.465 3	271.490	275.967	1.375 57	1.118 32	0.999 04

在实验所研究的特殊环境(温度:50～200 ℃;压力:0.2～1.0 MPa)范围内,随着环境温度的增大和环境压力的增加,瓦斯爆炸的上限也增加,但爆炸上限值不会无限增加,当瓦斯浓度增大到某一值时,因为没有足够的氧气维持反应继续进行,反应环境处于负氧状态,无论环境条件如何改变以加强瓦斯的爆炸强度,也都不会发生爆炸。

二、温度和压力耦合对瓦斯爆炸下限的影响分析

通过实验,测试得出不同环境温度和环境压力耦合条件下的瓦斯爆炸下限值如表 4-3 所列。

表 4-3　温度和压力耦合条件下的瓦斯爆炸下限　　　　单位:%

温度	压力				
	0.2 MPa	0.4 MPa	0.6 MPa	0.8 MPa	1.0 MPa
50 ℃	4.68	4.47	4.31	4.16	4.04
100 ℃	4.53	4.33	4.17	4.03	3.92
150 ℃	4.39	4.21	4.06	3.92	3.82
200 ℃	4.27	4.10	3.96	3.83	3.74

根据表 4-3 中的实验数据,将瓦斯爆炸下限随环境温度和环境压力的变化规律分别绘成曲线,如图 4-4 和图 4-5 所示。

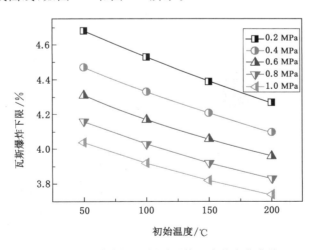

图 4-4　瓦斯爆炸下限随环境温度的变化曲线

从图 4-4 和图 4-5 可以看出,在相同的环境压力条件下,瓦斯爆炸下限随环境温度的增加呈现逐渐下降的趋势,而且在相同的环境温度下,环境压力越大瓦斯爆

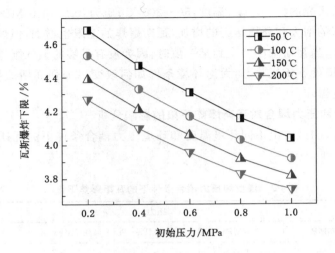

图 4-5　瓦斯爆炸下限随环境压力变化的曲线

炸下限越低。在相同的环境温度条件下,瓦斯爆炸下限随环境压力的增加呈现逐渐下降的趋势,而且在相同的环境压力下,环境温度越高瓦斯爆炸下限越低。

　　将环境温度和环境压力分别作为 x 轴和 y 轴、瓦斯爆炸下限作为 z 轴作图,得到如图 4-6 所示的曲面。

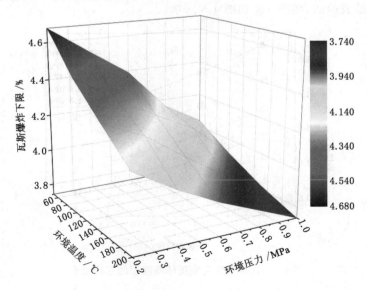

图 4-6　瓦斯爆炸下限随环境温度和环境压力变化的曲面

由图 4-6 可以更直观地看出瓦斯爆炸下限随环境温度升高和环境压力增大的变化规律。同时,根据图 4-6 所示曲面可以拟合得到瓦斯爆炸下限随环境温度和环境压力变化的高斯方程,如下式所示:

$$Z = Z_0 + A\exp\left[-\frac{1}{2}\left(\frac{T-T_0}{w_1}\right)^2 - \frac{1}{2}\left(\frac{p-p_0}{w_2}\right)^2\right]$$

$$(50\ ^{\circ}\text{C} \leqslant T \leqslant 200\ ^{\circ}\text{C}, 0.2\ \text{MPa} \leqslant p \leqslant 1.0\ \text{MPa}) \tag{4-2}$$

式中,Z 为瓦斯爆炸下限,%;T 为环境温度,$^{\circ}\text{C}$;p 为环境压力,MPa;Z_0,A,T_0,w_1,p_0,w_2 为常数,其数值如表 4-4 所列。

表 4-4　耦合条件下拟合函数各参数对照表

参数	Z_0	A	T_0	w_1	p_0	w_2	R^2
数值	1 340.312	−1 336.996	450.361	13 618.831	1.906	56.579	0.995

在实验所研究的特殊环境(温度:50～200 ℃;压力:0.2～1.0 MPa)范围内,随着环境温度的增大和环境压力的增加,瓦斯爆炸的下限呈下降的趋势,但爆炸下限值不会无限下降,当瓦斯浓度减小到某一值时,由于没有足够的瓦斯用来维持链式反应继续进行,反应环境处于富氧状态,无论如何改变环境条件以激励气体分子的活跃性,都不会发生爆炸。

三、爆炸极限理论值与实验值对比分析

大量的实验证明,反应温度对化学反应速度的影响很大,同时这种影响也很复杂,但是最常见的情况是反应速度随着温度的升高而加快。温度对反应速度的影响集中反映在反应速度常数 K 上。阿伦尼乌斯曾提出反应速度常数 K 与反应温度 T 之间有如下关系[1]:

$$K = K_0\exp\left(-\frac{E_a}{RT}\right) \tag{4-3}$$

式中,K 为阿伦尼乌斯反应速率常数,$\text{m}^3/(\text{s} \cdot \text{mol})$;$E_a$ 为反应物活化能,kJ/mol;R 为普适气体常数,8.314×10^{-3} kJ/(mol · K);T 为温度,K;K_0 为频率因子,$\text{m}^3/(\text{s} \cdot \text{mol})$。

同时,爆炸极限与化学反应速度又有很大关系。所以,反应温度影响爆炸极限,一般温度上升会使爆炸极限区间变宽(爆炸上限上升,爆炸下限下降)。Zabetakis 等通过实验给出了环境温度与烃类气体的爆炸上限和爆炸下限的关系式,如式(4-4)和式(4-5)所示:

$$U_T = U_{25} + 8 \times 10^{-4} U_{25} (T - 25) \tag{4-4}$$

$$L_T = L_{25} - 8 \times 10^{-4} L_{25} (T - 25) \tag{4-5}$$

式中,U_T、L_T 分别为反应温度为 T 时的爆炸上限和爆炸下限,%;U_{25}、L_{25} 分别为标准大气压下环境温度为 25 ℃时的爆炸上限和爆炸下限,%;T 为燃气的反应温度,℃。

随着环境压力的升高,爆炸极限区间的宽度一般会增加,通常是爆炸上限上升,爆炸下限下降。Zabetakis 等根据实验结果给出式(4-6)用来修正环境压力对烃类气体爆炸上限的影响,即:

$$U_p = U_{25} + 20.6(\log p + 1) \tag{4-6}$$

H. Jones[2]通过研究,得到了环境压力对天然气爆炸下限影响的关系式:

$$L_p = L_{25} - 0.71\ln(10p) \tag{4-7}$$

式中,U_p、L_p 分别为环境压力 p 时的爆炸上限和爆炸下限,%;p 为环境压力,MPa(绝对)。

根据前人的理论分析可知,不同环境温度及不同环境压力条件下的气体爆炸极限公式[式(4-4)～式(4-7)]都是以 U_{25}、L_{25} 为基础得到的,假设环境温度和环境压力耦合条件下,瓦斯的爆炸上限和爆炸下限分别如式(4-8)和式(4-9)所示:

$$U = \sqrt{[U_{25} + 8 \times 10^{-4} U_{25} (T - 25)][U_{25} + 20.6(\log p + 1)]} \tag{4-8}$$

$$L = \sqrt{[L_{25} - 8 \times 10^{-4} L_{25} (T - 25)][L_{25} - 0.71\ln(10p)]} \tag{4-9}$$

若在标准大气压下、25 ℃时瓦斯的爆炸上限和爆炸下限分别按如下数据计算:$U_{25} = 16.0\%$、$L_{25} = 5.0\%$,则根据式(4-8)和式(4-9)便可得到不同环境温度和不同环境压力条件下瓦斯爆炸上限和爆炸下限的理论值,分别如表 4-5 和表 4-6 所列。

表 4-5　温度和压力耦合条件下瓦斯爆炸上限理论值　　单位:%

温度	压力				
	0.2 MPa	0.4 MPa	0.6 MPa	0.8 MPa	1.0 MPa
50 ℃	19.035	21.530	22.863	23.764	24.440
100 ℃	19.404	21.948	23.307	24.226	24.915
150 ℃	19.767	22.358	23.743	24.678	25.380
200 ℃	20.123	22.761	24.170	25.123	25.838

表 4-6　温度和压力耦合条件下瓦斯爆炸下限理论值　　单位：%

温度	压力				
	0.2 MPa	0.4 MPa	0.6 MPa	0.8 MPa	1.0 MPa
50 ℃	4.670	4.436	4.273	4.155	4.061
100 ℃	4.603	4.344	4.186	4.070	3.977
150 ℃	4.504	4.251	4.096	3.982	3.891
200 ℃	4.403	4.155	4.004	3.891	3.804

由此得到的瓦斯爆炸极限理论值和实验值对比结果如图 4-7 和图 4-8 所示，其中每条曲线的 5 个数据沿 x 轴正方向递增时，环境压力分别为 0.2 MPa、0.4 MPa、0.6 MPa、0.8 MPa 和 1.0 MPa。

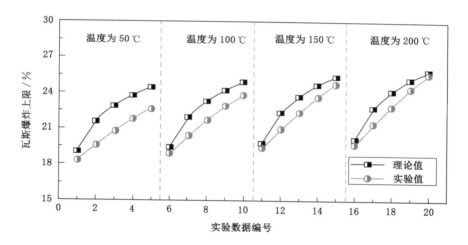

图 4-7　瓦斯爆炸上限理论值与实验值对比结果

实验值和理论值的误差按下式计算：

$$误差 = \frac{|实验值 - 理论值|}{理论值} \times 100\% \tag{4-10}$$

根据式(4-10)计算得，瓦斯爆炸上限实验值和理论值的平均误差为 5.05%，爆炸下限实验值和理论值的平均误差为 6.40%。由图 4-7 和图 4-8 可以清楚地看出：在相同的环境条件下，瓦斯爆炸极限理论值和实验值具有相同的变化趋势；同时，随着环境温度的升高，理论值和实验值的差距越来越小。由此可见，在当前的实验条件下得到的实验数据是比较合理、准确的。

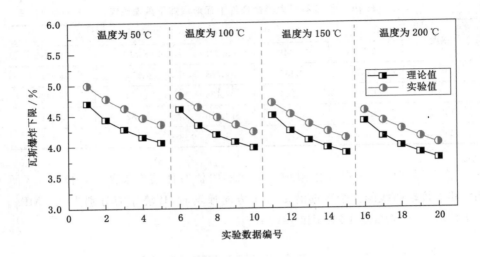

图 4-8　瓦斯爆炸下限理论值与实验值对比结果

第二节　温度与点火能量耦合对瓦斯爆炸极限的影响

为研究环境温度与点火能量耦合条件下瓦斯爆炸极限的变化情况,运用特殊环境 20 L 爆炸特性测试系统对环境温度和点火能量耦合条件下瓦斯爆炸极限的变化规律进行研究。实验是在不同环境温度(50～200 ℃)、不同点火能量(50～800 J)条件下进行的,实验用的爆炸气体采用自动配气的方法配制而成,其相对湿度低于 10%,且处于静止状态,初始压力为 0.1 MPa。

一、实验结果

通过实验对环境温度与点火能量耦合条件下瓦斯的爆炸极限进行了测试,测试得出的瓦斯爆炸上、下限分别如表 4-7 和表 4-8 所列。

表 4-7　初始温度和点火能量耦合条件下的瓦斯爆炸上限　　　单位:%

温度	压力			
	50 J	100 J	400 J	800 J
50 ℃	16.3	16.5	17.0	17.1
100 ℃	16.8	17.0	17.5	17.6
150 ℃	17.2	17.4	18.0	18.1
200 ℃	17.5	17.7	18.3	18.4

表 4-8　初始温度和点火能量耦合条件下的瓦斯爆炸下限　　　单位:%

温度	压力			
	50 J	100 J	400 J	800 J
50 ℃	4.90	4.81	4.65	4.59
100 ℃	4.61	4.51	4.37	4.33
150 ℃	4.42	4.32	4.20	4.17
200 ℃	4.25	4.17	4.06	4.02

二、结果分析

(一)耦合条件下爆炸极限随环境温度的变化关系

根据表 4-7、表 4-8 中的实验数据将瓦斯爆炸上、下限随环境温度的变化绘制成曲线并进行数据拟合,曲线如图 4-9、图 4-10 所示,拟合公式如式(4-11)、式(4-12)所示。

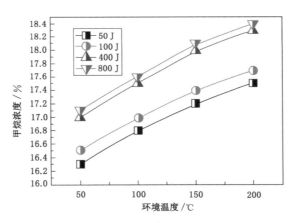

图 4-9　不同环境温度下的瓦斯爆炸上限

由图 4-9 和图 4-10 可见,随着环境温度逐渐升高,瓦斯爆炸上限总体呈现线性上升趋势,当温度由 150 ℃升高到 200 ℃时,上升趋势稍有减小;随着环境温度逐渐升高,瓦斯爆炸下限总体呈下降趋势,当温度由 150 ℃升高到 200 ℃时,下降趋势由快变慢。

环境温度升高时,瓦斯爆炸上限上升,爆炸下限下降,爆炸范围增大。当瓦斯浓度较高时,混合气体处于负氧状态,温度继续升高,虽然反应速率加快,但是氧气不足,过多的瓦斯不能继续参与爆炸反应,所以随温度继续升高瓦斯爆炸上限上升速率减小;当瓦斯浓度较低时,混合气体处于富氧状态,温度继续升高,虽然反应速率加快,但是瓦斯不足不能继续参与爆炸反应,所以随温度继续升高瓦

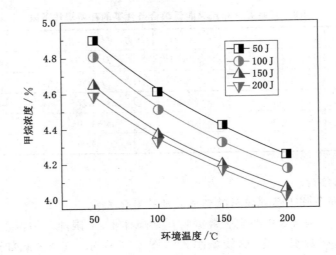

图 4-10　不同环境温度下的瓦斯爆炸下限

斯爆炸下限下降速率减小。

初始温度为 25 ℃环境下的爆炸上、下限分别为 15.8%、5.05%,与之相比 200 ℃、800 J 环境下的爆炸上限增大了 16.5%,爆炸下限变小了 20.4%,爆炸范围变宽了 33.8%。

当点火能量为 50~800 J 时,将瓦斯爆炸上限随环境温度的变化曲线进行拟合,若把环境温度作为自变量 x,瓦斯爆炸上限浓度作为函数 y,则有如下所示指数方程式:

$$y = y_0 + A_1 \exp\left(\frac{x}{t_1}\right) \quad (50\ ℃ \leqslant x \leqslant 200\ ℃) \tag{4-11}$$

式中,y 为爆炸上限,%;x 为环境温度,℃;y_0,A_1,t_1 为常数,不同点火能量条件下,其数值如表 4-9 所列。

表 4-9　拟合函数各参数对照表

点火能量/J	y_0	A_1	t_1	R^2
50	18.574 98	−2.923 87	−199.588 02	0.999 88
100	18.774 98	−2.923 87	−199.588 02	0.999 88
400	19.748 75	−3.428 17	−229.687 81	0.992 48
800	19.848 75	−3.428 17	−229.687 79	0.992 48

当点火能量为 50~800 J 时,将瓦斯爆炸下限随环境温度的变化曲线进行

拟合,若把初始温度作为自变量 x,瓦斯爆炸下限浓度作为函数 y,则有如下所示指数方程式:

$$y = y_0 + A_1 \exp\left(\frac{-(x-x_0)}{t_1}\right) \quad (50\ ℃ \leqslant x \leqslant 200\ ℃) \quad (4\text{-}12)$$

式中,y 为爆炸下限,%;x 为环境温度,℃;y_0,A_1,x_0,t_1 为常数,不同点火能量条件下,其数值如表 4-10 所列。

表 4-10 拟合函数各参数对照表

点火能量/J	y_0	A_1	x_0	t_1	R^2
50	3.720 7	1.179 3	50	187.237	0.999 52
100	3.819 97	0.990 03	50	144.269 5	0.995 42
400	3.737 32	0.912 68	50	144.269 5	0.982 45
800	3.575 4	1.014 6	50	181.802 87	0.985 78

(二)耦合条件下爆炸极限随点火能量的变化关系

根据表 4-7、表 4-8 中的实验数据将瓦斯爆炸上、下限随点火能量的变化绘制成曲线并进行数据拟合,曲线如图 4-11、图 4-12 所示,拟合公式如式(4-13)、式(4-14)所示。

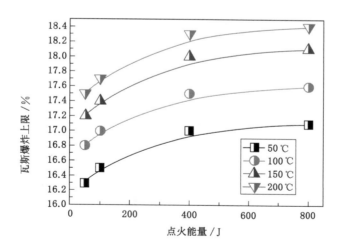

图 4-11 不同点火能量下的瓦斯爆炸上限

由图 4-11 和图 4-12 可见,随着点火能量逐渐增强,瓦斯爆炸上限总体呈上

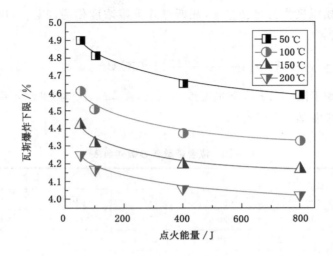

图 4-12   不同点火能量下的瓦斯爆炸下限

升趋势,且当点火能量由 50 J 上升到 400 J 时,瓦斯爆炸上限上升速率较快,而当点火能量由 400 J 上升到 800 J 时,瓦斯爆炸上限上升速率较慢。随着点火能量逐渐增强,瓦斯爆炸下限总体呈下降趋势,且当点火能量由 50 J 上升到 400 J 时,瓦斯爆炸下限下降速率较快,而当点火能量由 400 J 上升到 800 J 时,瓦斯爆炸下限下降速率较慢。

可以看出,当瓦斯浓度增大到某一值时,由于没有足够的氧气用来进行反应,无论点火能量如何改变以加强瓦斯的爆炸强度,都不会发生爆炸。同样,当瓦斯浓度下降到某一值时,由于没有足够的瓦斯用来进行反应,无论点火能量如何改变以加强瓦斯的爆炸强度,都不会发生爆炸。

与 10 J 点火能量条件下爆炸极限相关数据相对比,200 ℃、800 J 环境下的爆炸上限增大了 18.7%,爆炸下限变小了 22.5%,爆炸范围变宽了 39.5%。

当初始温度为 50~200 ℃时,将瓦斯爆炸上限随点火能量的变化曲线进行拟合,若把点火能量作为自变量 x,瓦斯爆炸上限浓度作为函数 y,则有如下所示指数方程式:

$$y = y_0 + A_1 \exp\left(\frac{x}{t_1}\right) \quad (50 \text{ J} \leqslant x \leqslant 800 \text{ J}) \qquad (4\text{-}13)$$

式中,y 为爆炸上限,%;x 为点火能量,J;y_0,A_1,t_1 为常数,不同初始温度条件下,其数值如表 4-11 所列。

表 4-11　拟合函数各参数对照表

初始温度/℃	y_0	A_1	t_1	R^2
50	17.134 73	−0.972 34	−217.151 27	0.992 76
100	17.634 73	−0.972 34	−217.151 27	0.992 76
150	18.148 89	−1.112 02	−222.406 95	0.981 29
200	18.448 89	−1.112 02	−222.406 95	0.981 29

当初始温度为 50～200 ℃时,将瓦斯爆炸下限随点火能量的变化曲线进行拟合,若把点火能量作为自变量 x,瓦斯爆炸下限浓度作为函数 y,则有如下所示指数方程式:

$$y = y_0 + A_1 \exp\left(\frac{-(x - x_0)}{t_1}\right) \quad (50\ \text{J} \leqslant x \leqslant 800\ \text{J}) \tag{4-14}$$

式中,y 为爆炸下限,%;x 为点火能量,J;y_0,A_1,x_0,t_1 为常数,不同初始温度条件下,其数值如表 4-12 所列。

表 4-12　拟合函数各参数对照表

初始温度/℃	y_0	A_1	x_0	t_1	R^2
50	4.575 26	0.324 74	30	249.018 54	0.994 52
100	4.323 77	0.286 23	30	201.183 79	0.994 42
150	4.166 35	0.253 65	30	181.544 12	0.982 53
200	4.012 88	0.237 12	30	219.611 83	0.982 67

（三）点火能量与初始温度耦合对瓦斯爆炸极限的影响分析

根据式(4-13)和式(4-14),对不同点火能量条件下的瓦斯爆炸上、下限进行计算,可得表 4-13 和表 4-14。

表 4-13　拟合函数得到的温度和点火能量耦合条件下的瓦斯爆炸上限

单位:%

点火能量	温度			
	50 ℃	100 ℃	150 ℃	200 ℃
50 J	16.288	16.788	17.177	17.477
100 J	16.521	17.021	17.440	17.740
170 J	16.690	17.190	17.631	17.931
240 J	16.813	17.313	17.771	18.071
310 J	16.901	17.401	17.873	18.173

表 4-13(续)

点火能量	温度			
	50 ℃	100 ℃	150 ℃	200 ℃
380 J	16.966	17.466	17.947	18.247
450 J	17.012	17.512	18.002	18.302
520 J	17.046	17.546	18.042	18.342
590 J	17.070	17.570	18.071	18.371
660 J	17.088	17.588	18.092	18.392
730 J	17.101	17.601	18.107	18.407
800 J	17.110	17.610	18.118	18.418

表 4-14　拟合函数得到的温度和点火能量耦合条件下的瓦斯爆炸下限

单位:%

点火能量	温度			
	50 ℃	100 ℃	150 ℃	200 ℃
50 J	4.900	4.610	4.420	4.250
100 J	4.820	4.526	4.339	4.185
170 J	4.760	4.466	4.284	4.138
240 J	4.715	4.425	4.246	4.104
310 J	4.681	4.395	4.221	4.079
380 J	4.655	4.374	4.203	4.061
450 J	4.635	4.359	4.191	4.048
520 J	4.621	4.349	4.183	4.038
590 J	4.610	4.341	4.178	4.031
660 J	4.601	4.336	4.174	4.026
730 J	4.595	4.333	4.172	4.023
800 J	4.590	4.330	4.170	4.020

根据表 4-13 和表 4-14 中的拟合数据,将瓦斯爆炸上、下限随环境温度和点火能量的变化规律分别绘成曲面,如图 4-13、图 4-14 所示。

对表 4-13 中的数据进行非线性拟合,得拟合函数如下式所示:

$$z = z_0 + ax + by + cx^2 + dy^2 + fxy \quad (50 \ ℃ \leqslant x \leqslant 200 \ ℃, 30 \ J \leqslant y \leqslant 800 \ J)$$

$$(4-15)$$

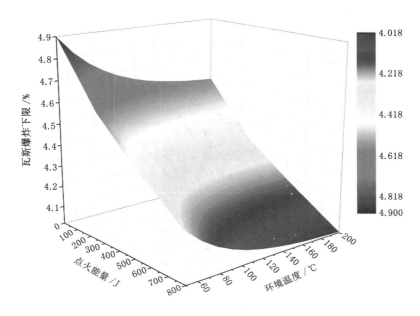

图 4-13　温度点火能量耦合条件下瓦斯爆炸上限变化曲面

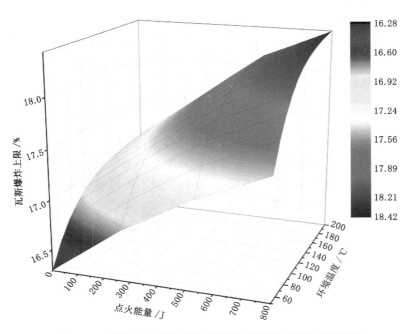

图 4-14　温度点火能量耦合条件下瓦斯爆炸下限变化曲面

拟合函数各参数数值如表 4-15 所列。

表 4-15 拟合函数各参数对照表

z_0	a	b	c	d	f	R^2
$-4.208\ 9\times 10^{-11}$	1	$-1.896\ 05\times 10^{-14}$	$-1.404\ 25\times 10^{-13}$	$1.726\ 56\times 10^{-19}$	$1.086\ 18\times 10^{-15}$	1

对表 4-14 中的数据进行非线性拟合,得拟合函数如下式所示:

$$z = z_0 + ax + by + cx^2 + dy^2 + fxy \quad (50\ ℃ \leqslant x \leqslant 200\ ℃, 30\ J \leqslant y \leqslant 800\ J)$$
$$(4\text{-}16)$$

拟合函数各参数数值如表 4-16 所列。

表 4-16 拟合函数各参数对照表

z_0	a	b	c	d	f	R^2
$8.349\ 64\times 10^{-12}$	1	$-3.072\ 98\times 10^{-15}$	$3.891\ 29\times 10^{-13}$	$-4.181\ 74\times 10^{-21}$	$6.790\ 4\times 10^{-16}$	1

由图 4-13、图 4-14 可见,随着环境温度升高及点火能量增大,瓦斯爆炸上限呈上凸形变化曲面,瓦斯爆炸下限呈下凹形变化曲面,即随着环境温度升高、点火能量增大,瓦斯爆炸上限上升,爆炸下限下降,爆炸范围增大。从上限曲面变化呈上凸形状和下限曲面变化呈下凹形状可知,随着环境温度的升高和点火能量的增大,爆炸极限变化率越来越小,也就是上限上升越来越慢,下限下降也越来越慢。

结合图 4-9~图 4-12,瓦斯爆炸极限随环境温度变化较平缓,基本呈线性变化趋势;随点火能量变化较起伏,大体呈指数变化趋势。且当温度较高、点火能量较高时,爆炸上限上升速率逐渐减小,爆炸下限下降速率也逐渐减小。

同时,根据实验结果还发现,当环境温度为 200 ℃、点火能量为 800 J 时,瓦斯爆炸上限为 18.4%,与环境温度为 50 ℃、点火能量为 50 J 时的瓦斯爆炸上限为 16.3% 相比上升了 2.1 个百分点;当环境温度为 200 ℃、点火能量为 800 J 时,瓦斯爆炸下限为 4.02%,与环境温度为 50 ℃、点火能量为 50 J 时的瓦斯爆炸下限为 4.90% 相比下降了 0.88 个百分点。可见,环境温度和点火能量对瓦斯爆炸上限的影响比对爆炸下限的影响稍大。

环境温度的升高,增大了分子内能,加快了瓦斯爆炸反应的反应速率,促进了瓦斯爆炸;点火能量的增大,加快了瓦斯起始爆炸的反应速率,在一定程度上也加快了瓦斯爆炸反应的反应速率,也促进了瓦斯爆炸。但这种促进并不会一直保持下去,当瓦斯浓度过高时,氧气浓度不足,无论如何促进,过多的瓦斯都不会发生爆炸;当瓦斯浓度过低时,氧气浓度充足,过多的空气尤其是氮气充当了惰性气体,无论如何促进,过低的瓦斯也不会发生爆炸。

第三节　压力与点火能量耦合对瓦斯爆炸上限的影响

运用特殊环境 20 L 爆炸特性测试系统对环境压力与点火能量耦合条件下瓦斯爆炸上限的变化规律进行研究。环境压力和点火能量分别取 4 个水平来进行实验,即环境压力从 0.3～1.807 MPa,点火能量分别为 100 J、200 J、300 J 和 400 J。实验用的爆炸气体采用自动配气的方法配制而成,实验室环境温度在 25～35 ℃之间,环境相对湿度在 65%～75%之间。实验前爆炸罐体内相对湿度低于 10%,且处于静止状态。

一、实验结果

通过实验测定,得到不同环境压力与点火能量耦合条件下的瓦斯爆炸上限如表 4-17～表 4-20 所列。

表 4-17　环境压力与点火能量的耦合对爆炸上限的影响(1)

序号	环境压力/MPa	点火能量/J	瓦斯爆炸上限/%
1	0.300	100	17.1
2	0.507	100	18.0
3	0.693	100	19.3
4	1.014	100	20.4
5	1.497	100	22.9
6	1.767	100	24.1

表 4-18　环境压力与点火能量的耦合对爆炸上限的影响(2)

序号	环境压力/MPa	点火能量/J	瓦斯爆炸上限/%
1	0.504	200	18.4
2	1.006	200	21.2
3	1.497	200	23.5
4	1.793	200	24.6

表 4-19　环境压力与点火能量的耦合对爆炸上限的影响(3)

序号	环境压力/MPa	点火能量/J	瓦斯爆炸上限/%
1	0.507	300	19.1
2	0.705	300	20.4
3	1.101	300	21.5
4	1.486	300	24.4
5	1.778	300	25.3

表 4-20　环境压力与点火能量的耦合对爆炸上限的影响(4)

序号	环境压力/MPa	点火能量/J	瓦斯爆炸上限/%
1	0.508	400	19.3
2	1.007	400	22.3
3	1.472	400	24.8
4	1.807	400	26.0

二、环境压力与点火能量耦合对爆炸上限的影响分析

将表 4-17～表 4-20 中不同环境压力与点火能量耦合条件下瓦斯爆炸极限测试所得数据绘制到三维立体图中,如图 4-15 所示。从图中可以看出,随着环境压力和点火能量的变大,瓦斯爆炸上限明显变大。两者的耦合对瓦斯爆炸上限的影响要比单纯一种影响因素对瓦斯爆炸上限的影响效果明显。如当环境压力为 1.807 MPa、点火能量为 400 J 时,瓦斯爆炸上限增大到 26.0%。

在高点火能量条件下,瓦斯在起爆的过程中获得足够的能量用来生成更多的自由基,并参与基元化学反应,释放出更多的热量;而在较高的环境压力下,分子的碰撞频率大大加快,同时也使得反应速率变快。两者结合,使得本来不会爆炸的瓦斯空气混合气得以发生爆炸。因此,在进行瓦斯爆炸事故的预防过程中,应尽量避免两个因素同时存在的情况,如在瓦斯输送过程中,应尽量避免产生高能量的点火源。

图 4-16 和图 4-17 分别为不同环境压力条件下点火能量对瓦斯爆炸上限的影响曲线和不同点火能量条件下环境压力对瓦斯爆炸上限的影响曲线。对两图进行对比分析,可以看出,在本实验条件下(即点火能量为 100 J、200 J、300 J 和

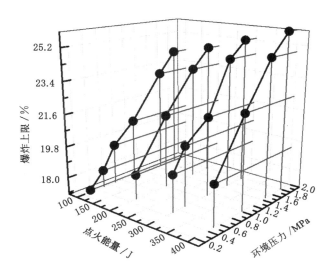

图 4-15 环境压力与点火能量耦合对爆炸上限的影响曲线

400 J 四个水平,环境压力为 0.5 MPa、1.0 MPa、1.5 MPa、1.8 MPa 四个水平),环境压力对瓦斯爆炸上限的影响效果要比点火能量对瓦斯爆炸上限的影响效果明显。

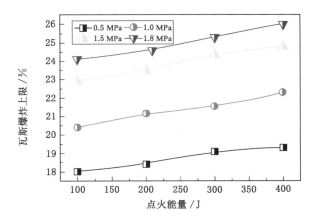

图 4-16 不同点火能量对瓦斯爆炸上限的影响

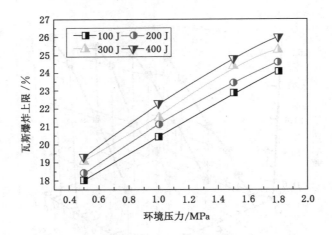

图 4-17　不同环境压力对瓦斯爆炸上限的影响

第四节　三因素综合作用对爆炸特性的影响

一、正交试验概述

在实际的环境中,绝大多数的情况都不会是单因素变化而其他条件保持常态。对于环境温度、环境压力和点火能量三者耦合情况下的气体爆炸特性模拟,本研究设计了正交试验来进行。

（一）试验设计方法常用的术语定义

试验指标:试验研究过程的因变量,常为试验结果特征的量。

因素:试验研究过程的自变量,常常是造成试验指标按某种规律发生变化的那些原因。

水平:试验中因素所处的具体状态或情况,又称为等级。

（二）正交试验法

正交试验法是利用正交表来安排与分析多因素试验的一种设计方法。它是从试验因素的全部水平组合中,挑选部分有代表性的水平组合进行试验的,通过对这部分试验结果的分析了解全面试验的情况。

正交试验的特点为:完成试验要求所需的试验次数少;数据点分布很均匀;可采用极差分析方法、方差分析方法、回归分析方法等对试验结果进行分析,引出许多有价值的结论。

（三）正交表

常用正交表已经由数学工作者建立起来,实验室可根据需要的因素与水平选取。正交表具有正交性、代表性、综合性等特征。

正交表的正交性是其最根本的特征。正交性表现为:在每一列中,各个不同的数字出现的次数相同;表中任意两列并列在一起形成若干个数字对,不同数字对出现的次数也都相同。

正交试验安排:正交表的选择要根据因素的数量以及因素的水平来定,为了提高精确性最好选择列数较多的正交表,所选择的正交表要进行方差分析或回归分析,需要留空白列,即"误差列"。

本研究需要进行三因素模拟,包括初始温度、初始压力和点火能量。由于计算机资源的限制,每个因素安排了四个水平,因此本研究选取了 $L_9(4^5)$ 这一正交表,如表 4-21 所列。

表 4-21 正交试验安排

列号	1	2	3	4	5
因素	E	p	T	e	e
试验号	水平				
1	1	1	1	1	1
2	1	2	2	2	2
3	1	3	3	3	3
4	1	4	4	4	4
5	2	1	2	3	4
6	2	2	1	4	3
7	2	3	4	1	2
8	2	4	3	2	1
9	3	1	3	4	2
10	3	2	4	3	1
11	3	3	1	2	4
12	3	4	2	1	3
13	4	1	4	2	3
14	4	2	3	1	4
15	4	3	2	4	1
16	4	4	1	3	2

一共需要进行 16 次模拟,由于只有三个因素,因此有两个空白列。第一列为点火能量,第二列为初始环境压力,第三列为初始环境温度,第四列和第五列为空白列。各个因素的水平分别安排为:① 点火能量:100 J(1 水平),200 J(2 水平),300 J(3 水平),400 J(4 水平);② 环境压力:0.5 MPa(1 水平),1.0 MPa(2 水平),1.5 MPa(3 水平),2.0 MPa(4 水平);③ 环境温度:398 K(125 ℃),523 K(250 ℃),648 K(375 ℃),773 K(500 ℃)。由于点火能量对于最终结果有很大的随机性影响,因此每一种条件做三次模拟,取平均值。

二、最大爆炸压力的模拟结果及分析

表 4-22 和表 4-23 列出了模拟结果和数据分析结果。表 4-22 考虑了环境压力的增大部分对于爆炸压力的影响,表 4-23 排除了环境压力增量的影响,列出的最大爆炸压力为超压值。

表 4-22　最大爆炸压力模拟结果

列号	1	2	3	4	5	p_{max}/MPa
因素	E	p	T	e	e	
试验号	水平					
1	1	1	1	1	1	4.020
2	1	2	2	2	2	5.820
3	1	3	3	3	3	7.010
4	1	4	4	4	4	8.120
5	2	1	2	3	4	3.120
6	2	2	1	4	3	7.480
7	2	3	4	1	2	6.410
8	2	4	3	2	1	9.180
9	3	1	3	4	2	2.620
10	3	2	4	3	1	4.140
11	3	3	1	2	4	10.940
12	3	4	2	1	3	11.240
13	4	1	4	2	3	1.820
14	4	2	3	1	4	4.800
15	4	3	2	4	1	8.530
16	4	4	1	3	2	14.400

表 4-22(续)

1 水平总和	24.970	11.580	36.840	26.470	25.870	—
2 水平总和	26.190	22.240	28.710	27.760	29.250	—
3 水平总和	28.940	32.890	23.610	28.670	27.550	—
4 水平总和	29.550	42.940	20.490	26.750	26.980	—
重复次数	4	4	4	4	4	—
1 水平均值	6.243	2.895	9.210	6.618	6.468	—
2 水平均值	6.548	5.560	7.178	6.940	7.313	—
3 水平均值	7.235	8.223	5.903	7.168	6.888	—
4 水平均值	7.388	10.735	5.123	6.688	6.745	—
极差	1.145	7.840	4.088	0.550	0.845	—
平方和	3.591	137.132	38.235	0.757	1.490	—
自由度	3	3	3	3	3	—
均方差	1.197	45.711	12.745	0.375		
F 值	3.195	122.018	34.021			
$F_{0.01}$	9.780	9.780	9.780			
$F_{0.05}$	4.760	4.760	4.760			
$F_{0.10}$	3.290	3.290	3.290			

表 4-22 中,对各水平均值进行比较,得到的结果显示,初始环境压力的极差最大,为 7.840,其次为初始温度,为 4.088,最后为点火能量,为 1.145,即在设定的变化范围内,环境压力对最大爆炸压力的影响最大,环境温度的影响次之,点火能量的影响最小。由方差分析结果可以看出,环境压力和环境温度对最大爆炸压力的影响都高度显著,点火能量对最大爆炸压力的影响不显著。

表 4-23 中,对各水平均值进行比较,得到的结果显示,初始环境压力的极差最大,为 6.340,其次为初始环境温度,为 4.088,最后为点火能量,为 1.145,即在设定的变化范围内,初始环境压力对最大超压的影响最大,初始环境温度的影响次之,点火能量的影响最小。由方差分析结果可以看出,初始环境压力和初始环境温度对最大超压的影响都高度显著,点火能量对最大超压的影响不显著。

表 4-23　最大超压模拟结果

列号	1	2	3	4	5	p_{max}/MPa
因素	E	p	T	e	e	
试验号	水平					
1	1	1	1	1	1	3.520
2	1	2	2	2	2	4.820
3	1	3	3	3	3	5.510
4	1	4	4	4	4	6.120
5	2	1	2	3	4	2.620
6	2	2	1	4	3	6.480
7	2	3	4	1	2	4.910
8	2	4	3	2	1	7.180
9	3	1	3	4	2	2.120
10	3	2	4	3	1	3.140
11	3	3	1	2	4	9.440
12	3	4	2	1	3	9.240
13	4	1	4	2	3	1.320
14	4	2	3	1	4	3.800
15	4	3	2	4	1	7.030
16	4	4	1	3	2	12.400
1 水平总和	19.970	9.580	31.840	21.470	20.870	—
2 水平总和	21.190	18.240	23.710	22.760	24.250	—
3 水平总和	23.940	26.890	18.610	23.670	22.550	—
4 水平总和	24.550	34.940	15.490	21.750	21.980	—
重复次数	4	4	4	4	4	—
1 水平均值	4.993	2.395	7.960	5.368	5.218	—
2 水平均值	5.298	4.560	5.928	5.690	6.063	—
3 水平均值	5.985	6.723	4.653	5.918	5.638	—
4 水平均值	6.138	8.735	3.873	5.438	5.495	—
极差	1.145	6.340	4.088	0.550	0.845	—
平方和	3.591	89.767	38.235	0.757	1.490	—
自由度	3	3	3	3	3	—
均方差	1.197	29.922	12.745	0.375		

表 4-23(续)

F 值	3.195	79.873	34.021		
$F_{0.01}$	9.780	9.780	9.780		
$F_{0.05}$	4.760	4.760	4.760		
$F_{0.10}$	3.290	3.290	3.290		

三、最大压力上升速率的模拟结果及分析

表 4-24 为最大压力上升速率的模拟结果,对各水平均值进行比较可以看出,初始环境压力的极差最大,为 641.25,其次为初始环境温度,为 133,最后为点火能量,为 6.5,即在设定的变化范围内,初始环境压力对最大压力上升速率的影响最大,初始环境温度的影响次之,点火能量的影响最小。由方差分析结果可以看出,初始环境压力对最大压力上升速率的影响高度显著,初始环境温度的影响一般显著,点火能量的影响不显著。

表 4-24 最大压力上升速率模拟结果

列号	1	2	3	4	5	$R_{max}/(MPa/s)$
因素	E	p	T	e	e	
试验号	水平					
1	1	1	1	1	1	123
2	1	2	2	2	2	360
3	1	3	3	3	3	564
4	1	4	4	4	4	828
5	2	1	2	3	4	136
6	2	2	1	4	3	275
7	2	3	4	1	2	665
8	2	4	3	2	1	803
9	3	1	3	4	2	148
10	3	2	4	3	1	495
11	3	3	1	2	4	486
12	3	4	2	1	3	769
13	4	1	4	2	3	180
14	4	2	3	1	4	383
15	4	3	2	4	1	586
16	4	4	1	3	2	752

表 4-24(续)

1 水平总和	1 875	587	1 636	1 940	2 007	—
2 水平总和	1 879	1 513	1 851	1 829	1 925	—
3 水平总和	1 898	2 301	1 898	1 947	1 788	—
4 水平总和	1 901	3 152	2 168	1 837	1 833	—
重复次数	4	4	4	4	4	—
1 水平均值	468.75	146.75	409	485	501.75	—
2 水平均值	469.75	378.25	462.75	457.25	481.25	—
3 水平均值	474.5	575.25	474.5	486.75	447	—
4 水平均值	475.25	788	542	459.25	458.25	—
极差	6.5	641.25	133	29.5	54.75	—
平方和	129.687 5	900 372.7	35 843.19	3 066.688	7 138.688	—
自由度	3	3	3	3	3	—
均方差	43.229 17	300 124.2	11 947.73	1 700.896		
F 值	0.025 416	176.450 7	7.024 374			
$F_{0.01}$	29.5	29.5	29.5			
$F_{0.05}$	9.28	9.28	9.28			
$F_{0.10}$	5.39	5.39	5.39			

参 考 文 献

[1] 张英华,黄志安.燃烧与爆炸学[M].北京:冶金工业出版社,2010.

[2] JONES H.The properties of gases at high pressures which can be deduced from explosion experiments[J].Symposium on combustion and flame,and explosion phenomena,1948,3(1):590-594.

第五章 瓦斯煤尘共存条件下爆炸特性研究

第一节 煤尘爆炸前后微观结构及析出气体成分分析

一、煤尘爆炸前后微观结构分析

选取 7 种不同产地及不同参数的煤样进行爆炸特性测试研究,依据《煤的工业分析方法》(GB/T 212—2008)对不同煤的水分、灰分及挥发分等参数进行测定,所用测试设备马弗炉如图 5-1 所示,分析结果如表 5-1 所列。

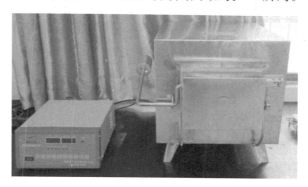

图 5-1　XL-1 型马弗炉

表 5-1　工业分析测试结果

煤样编号	$V_{ad}/\%$	$M_{ad}/\%$	$A_{ad}/\%$	$FC_{ad}/\%$
1	7.09	1.73	8.49	82.69
2	13.76	1.89	21.93	62.42
3	15.90	1.88	44.74	37.48
4	22.13	3.18	48.15	26.54
5	27.62	2.27	3.61	66.49
6	35.95	5.11	14.72	44.22
7	37.45	3.15	14.81	44.59

从煤样的工业分析结果可以看出,所选煤样具有非常典型的代表性,涵盖了不同的挥发分区间和不同的煤种。

煤尘的粒径对爆炸压力具有明显的影响,不同的煤尘即使使用同一个标准筛筛分获得,煤尘的粒径也存在一定的差异。为了研究不同种类煤尘粒径和粒径分布的差异性,根据煤尘挥发分含量的不同,按照挥发分的高低选取相应的5种煤尘进行电镜扫描,并通过软件测试其粒径的大小及粒径分布情况。

实验所得 7# 高挥发分煤样经放大 354 倍后的图像如图 5-2(a)所示,从图中可以看出煤尘在经过破碎、研磨以及筛分后呈颗粒状和粉末状,其中颗粒状的煤尘边界棱角清晰。其平均粒径为 19.45 μm,最大粒径为 55.84 μm,最小粒径为 7.37 μm。图 5-2(b)是 7# 煤尘单个颗粒经放大 1 170 倍后得到的图像,从图中可以看出煤尘表面光滑,凸起较少,对其进行二值化处理,可得煤尘的孔隙率为 0.24%。

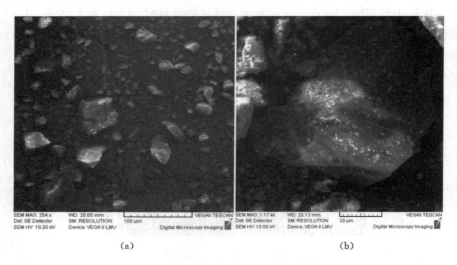

图 5-2 煤尘颗粒 SEM 图像

(a) 354 倍;(b) 1 170 倍

将实验所得各个煤尘的中位粒径、最大粒径和最小粒径绘制成表,见表 5-2。

从表 5-2 可以看出,煤尘粒径的大小与煤尘的变质程度没有直接的关系,造成同种工序下煤尘的粒径有较大差异的原因主要是在煤尘制备过程中研磨的时间长短不一致。

为了研究煤尘爆炸前后粒径和表面孔隙的变化情况,收集 7# 煤样在不同质量浓度条件下爆炸后的煤尘残留物,用电镜观察其粒径和表面形态的变化情况,如图 5-3 所示。将图 5-3 和图 5-2 进行对比分析可知,煤尘在发生爆炸前颗粒棱角分明,而不同浓度的煤尘爆炸过后的残留物颗粒表面比较圆润,说明爆炸过程中,煤尘析出了挥发分气体,且炭物质参与了爆炸反应。

表 5-2　不同煤尘的中位粒径、最大粒径以及最小粒径汇总表

序号	中位粒径/μm	最大粒径/μm	最小粒径/μm	孔隙率/%
1	7.55	22.96	2.94	2.916
2	9.01	22.79	4.65	1.860
4	20.49	60.01	8.26	4.90
5	10.16	33.22	4.36	13.60
7	19.45	55.84	7.37	0.24

(a)　　　　　　　　　　(b)　　　　　　　　　　(c)

图 5-3　不同浓度煤尘爆炸后颗粒 SEM 表面形貌图像

(a) 300 g/m³;(b) 400 g/m³;(c) 500 g/m³

　　煤尘云浓度不同,爆炸过后,残留物的剩余量也不同。通过实验得出,在 250 g/m³ 的质量浓度时,其爆炸压力是最大的,说明此浓度时煤尘与氧气充分反应,爆炸过后的残留物质较少。低于此浓度,因氧气充足,煤尘在富氧条件下能够充分反应,且浓度越小,实验过程中所用的煤尘越少,爆炸后的残留物越难收集。而高于此浓度,因氧气不足,煤尘爆炸过程中发生不完全反应,会留下大量残留物。

　　将所测不同浓度煤尘残留物的平均粒径绘制成图,如图 5-4 所示。从图中可以看出,随着煤尘云浓度的增加,爆炸后煤尘的粒径呈现逐渐增大的趋势。例如,300 g/m³ 浓度煤尘云爆炸后的平均粒径为 15.52 μm,其平均粒径小于原始煤尘的平均粒径 19.45 μm;而 400 g/m³ 浓度的煤尘云爆炸过后,残留物的平均

粒径增大到 26.19 μm，500 g/m³ 浓度的煤尘云爆炸时，残留物的平均粒径增大到 26.60 μm，远远大于爆炸前原始煤尘的平均粒径。

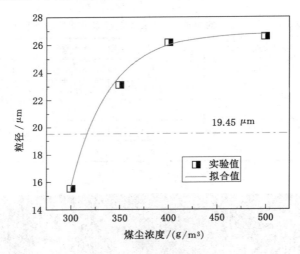

图 5-4　爆炸后煤尘残留物粒径与煤尘浓度的关系曲线

　　造成这样结果的原因是：① 当煤尘浓度处于 250 g/m³ 及其以下时，爆炸容器内的氧气含量充足，煤尘氧化反应较为彻底，煤尘消耗量大；当煤尘浓度大于 250 g/m³ 时，爆炸容器内的氧气无法使煤尘完全反应，由于煤尘颗粒大小不一致，且煤尘颗粒越小比表面积越大，与氧气反应的速率也就越快，在氧气缺少的条件下，小颗粒煤尘快速参与氧化反应并消耗，导致剩余煤尘的平均粒径增大。② 煤尘在不完全反应时发生了结焦现象。250 g/m³ 为该煤尘的最佳反应浓度，爆炸罐体内的煤尘和氧气恰好可以完全反应，煤尘中的可燃物质被完全消耗，只剩下不可燃的灰分。灰分受爆炸反应区的高温影响液化变软，被冲击波传递至接近室温的爆炸容器壁面，由于温度突然降低，软化后的灰分会发生凝聚现象。由于煤尘中大部分物质被消耗，所以结焦后的灰分粒径仍然很小。随着煤尘浓度的增大，如煤尘浓度为 400 g/m³ 和 500 g/m³ 时，煤尘的可燃物质不能够完全被氧气消耗，残留物质较多，当发生结焦现象后，煤尘的反应剩余物质的粒径将会增大。随着煤尘浓度的进一步增加，直到不发生爆炸时，煤尘爆炸后剩余物质的粒径预计将会逐渐减小，直到趋近爆炸前煤尘的平均粒径。

　　爆炸后单个煤尘颗粒表面形貌如图 5-5 和图 5-6 所示。从图 5-5 和图 5-6 可以看出，爆炸前后单个煤粉颗粒的表面形貌存在很大不同。爆炸前，其颗粒表面棱角分明，而爆炸后，由于煤粉颗粒参与了爆炸反应，颗粒表面棱角变得模糊,可以很明显地看到爆炸反应的痕迹。煤尘爆炸前,表面的孔隙率很低(只有 0.24％),当发生爆炸后,表面的孔隙率显著增加:当煤尘浓度为 400 g/m³时,其孔隙率为 2.2％;当煤尘浓度为 500 g/m³ 时,其孔隙率增加至 6.6％。造成这种现象的原因是煤尘在爆炸过程中受热会有挥发分从煤尘内部析出,析出气体首先与氧气发生反应。当煤尘浓度较小时,挥发分与氧气发生反应后,固定碳也会熔融和汽化与氧气反应生成气体。随着煤尘浓度的增加,爆炸反应由完全氧化转向不完全氧化,此时放出的热量较少,由于煤尘含量多、吸热量大,此时热量主要用于挥发分的析出,固定碳无法获得足够的热量熔融和汽化,导致孔隙率增加。

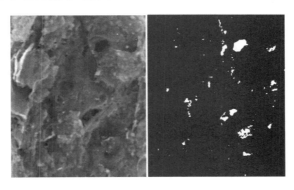

图 5-5　400 g/m³ 煤尘爆炸后颗粒局部 SEM 图像和二值化图像

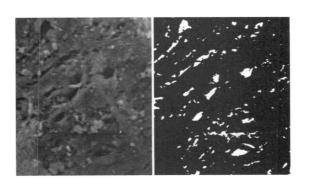

图 5-6　500 g/m³ 煤尘爆炸后颗粒局部 SEM 图像和二值化图像

二、煤尘的析出气体成分分析

采用煤自燃特性综合测试系统及色谱仪对 6 种煤样的析出气体成分进行了实验研究,分别对 40～260 ℃环境条件下析出的气体成分(CO、CH_4、CO_2、

C_2H_2、C_2H_4、C_2H_6、C_3H_8)及其含量进行了测量分析,实验结果如图 5-7～图 5-12 所示。

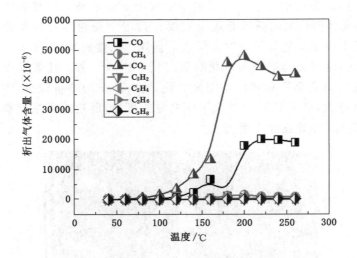

图 5-7 1#煤样析出气体成分及其含量

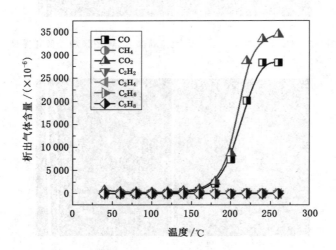

图 5-8 2#煤样析出气体成分及其含量

根据煤的热解过程,室温到 260 ℃属于煤的干燥脱吸阶段。在这一过程中,煤的外形基本上没有变化。在 120 ℃以前脱去煤中的游离水;120～200 ℃脱去煤所吸附的气体如 CO、CO_2 和 CH_4 等;在 200 ℃以后,年轻的煤如褐煤发生部分羧基

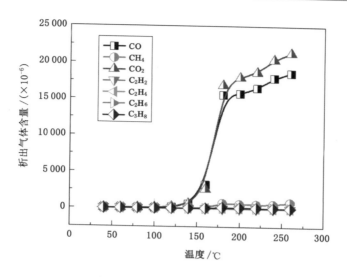

图 5-9　4# 煤样析出气体成分及其含量

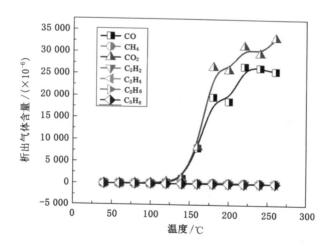

图 5-10　5# 煤样析出气体成分及其含量

反应,有热解水生产,并开始分解放出气态产物如 CO、CO_2、H_2S 等,近 300 ℃时开始热分解反应,有微量焦油产生,烟煤和无烟煤在这一阶段没有明显变化。

从图 5-7～图 5-12 可以看出,在 40～260 ℃温度范围内 CH_4 等烃类气体随着温度的升高析出量开始逐渐增多,但与 CO 和 CO_2 相比析出总量很少。烃类气体中 CH_4 的析出量最多。6 种煤样中 7# 煤样析出的 CH_4 量最多,2# 煤样析

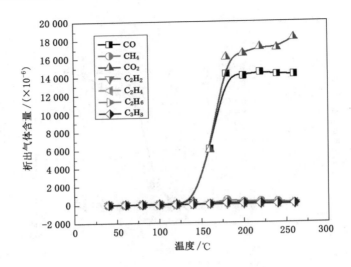

图 5-11　6#煤样析出气体成分及其含量

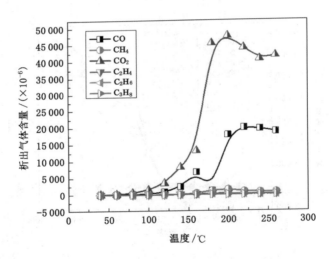

图 5-12　7#煤样析出气体成分及其含量

出的 CH_4 量最少。在 100 ℃左右时 CH_4 析出速率开始有明显的上升,在 150～200 ℃间上升速率最大。这是由于最先析出的 CH_4 是解吸的产物,而当温度达到一定值后析出的 CH_4 则是氧化作用的产物。

其他烃类气体在 150～200 ℃左右析出速率开始有所增加,但析出量最大都没有超过 210×10^{-6}。其中,C_2H_4 析出的温度相对较低,而 C_2H_2 的析出温度明显要高于 260 ℃。有关学者研究发现煤在自燃氧化过程中初次析出 C_2H_6 的温度为 145 ℃左右，预示着煤炭自燃进入加速氧化阶段；C_3H_8 气体的析出规律与 C_2H_6 基本相同，只是析出温度较高，在 180 ℃左右，C_3H_8 的析出表明煤已进入激烈氧化阶段。上述研究成果中 C_2H_6 与 C_3H_8 的析出温度与本次实验基本吻合。

　　煤是一种大分子混合物，结构复杂多变。因为结构决定性质，所以煤表现出多种物理和化学性质。煤的大分子结构也导致气体产物产生途径的复杂化和多样化。6 种不同挥发分的煤样在 40～260 ℃环境条件下析出的气体量如图 5-13 所示。

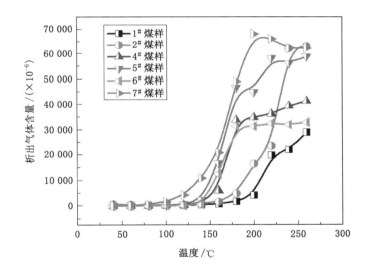

图 5-13　各煤样在不同温度时析出气体量

　　从图 5-13 中 6 种不同挥发分煤尘的析出气体总量可以看出，总体上，挥发分含量越高的煤尘，析出气体的总量相应的也越多，但在 40～260 ℃的温度条件下这也不是绝对的，例如 $6^\#$ 煤尘的挥发分较之 $5^\#$ 和 $4^\#$ 煤尘的挥发分要大，但其析出气体总量与挥发分含量最低的 $1^\#$ 煤尘相近，说明煤尘析出气体总量并不是和挥发分有着严格的线性关系。煤的大分子结构导致气体产物产生途径的复杂化和多样化，例如在煤自燃氧化过程的各个阶段都有可能产生 CO 气体，只是产生 CO 的途径和过程存在一定的差异。挥发分表征着煤尘升温到 900 ℃析出气体的总量，在各个温度范围内不同挥发分煤尘析出气体总量并不是完全随着挥发分的升高而增大的。

第二节 不同挥发分煤尘爆炸特性实验研究

本节通过实验,研究了挥发分对煤尘爆炸下限浓度、最大爆炸压力、最大压力上升速率、最低着火温度等爆炸特征参量的影响规律,主要研究工作总结如下。

一、煤尘云爆炸下限测试研究

粉尘云爆炸下限浓度是指粉尘云在给定能量点火源作用下,能够发生自持燃烧的最低浓度。在实际的工程应用中,可以采用控制工艺设备或巷道中煤尘浓度在爆炸下限以下的方法来防止煤尘爆炸事故的发生。依据《粉尘云爆炸下限浓度测定方法》(GB/T 16425—2018),运用 20 L 爆炸特性测试系统,对 7 种不同挥发分煤样的爆炸下限浓度进行了测试研究,实验结果如表 5-3 和图 5-14 所示。

表 5-3 不同挥发分煤尘云爆炸下限浓度

煤样编号	1	2	3	4	5	6	7
挥发分/%	7.09	13.76	15.90	22.13	27.62	35.95	37.45
爆炸下限浓度/(g/m³)	61	76	75	58	20	36	29

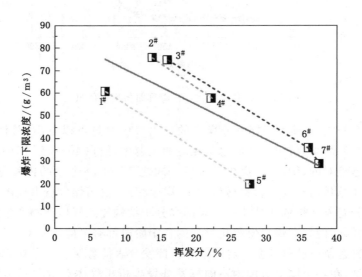

图 5-14 挥发分对煤尘云爆炸下限浓度的影响

在进行挥发分含量对煤尘云爆炸下限浓度的影响实验时,所用点火能量均为 10 kJ,煤尘粒径≤75 μm。从表 5-3 中可以看出,在其他条件不变的情况下,整体上挥发分含量越高的煤尘,其爆炸下限浓度越低。煤尘的挥发分含量越高,说明煤尘的变质程度越低,在爆炸点火过程中,释放出的挥发分气体也就越多,可燃性的挥发分气体首先被点燃,释放出更多的热量,当整个空气煤尘云混合系统产生的热量大于系统损失的热量和煤尘云反应过程中吸收的热量时,整个爆炸反应就会持续进行下去,发展成爆炸。若煤尘的挥发分含量低,则说明煤尘的变质程度较高,整个空气煤尘云混合系统要想发展成为爆炸,所需的能量也会大,在点火能量及其他条件一定的情况下,点火过程中虽然也会产生一定的化学反应,但由于整个反应过程中的能量不足,最终使得反应中断。

从表 5-3 和图 5-14 可以看出,煤尘爆炸下限浓度随着挥发分的增加总体呈下降趋势。挥发分含量越高的煤尘其爆炸下限浓度往往越低,如 1# 煤尘的挥发分含量为 7.09%,其爆炸下限浓度为 61 g/m³;而 7# 煤尘的挥发分含量为 37.45%,其爆炸下限浓度降低到了 29 g/m³。但煤尘爆炸下限浓度与煤尘的挥发分含量不是严格的线性关系。这是由于煤尘爆炸下限浓度的影响因素除了挥发分外,还有灰分和水分等,通过对比灰分和水分相近的三组煤样(1#、5#;2#、4#;3#、6#、7#)的爆炸下限浓度,可以看出灰分、水分因素相近的几种煤样,其爆炸下限浓度是随挥发分含量严格降低的。

二、最大爆炸压力和最大压力上升速率测试研究

最大爆炸压力是指在多种反应物浓度下,通过一系列实验确定的爆炸压力 p 的最大值;而最大压力上升速率是指在多种反应物浓度下,通过一系列实验确定的压力上升速率(dp/dt)的最大值。最大爆炸压力和最大压力上升速率是反映爆炸猛烈程度的重要参数,是进行爆炸泄压设计和爆炸抑制设计的重要依据。

依据《粉尘云最大爆炸压力和最大压力上升速率测定方法》(GB/T 16426—1996)中的要求,利用 20 L 粉尘爆炸特性测试系统对选取的 7 种不同挥发分煤样的最大爆炸压力及最大压力上升速率进行了测试,所得实验结果如表 5-4 所列。

煤尘云最大爆炸压力随其挥发分含量的增加有所增大,但其增加的幅度不是很大。从图 5-15 和图 5-16 可以看出,尽管挥发分含量变化范围较大(7.09%~37.45%),最大爆炸压力的变化范围却不是很大(0.555~0.615 MPa),煤尘云最大爆炸压力随挥发分含量的增加总体呈上升趋势。另外,由于受水分、灰分等其他因素的影响,对于水分、灰分相近的三组煤尘样品(1#、5#;2#、4#;3#、6#、7#),其煤尘最大爆炸压力随挥发分含量的增加呈单调上升的趋势。相应最大压力上升速率也随着挥发分含量的增加总体呈上升趋势,在煤尘挥发分含量为 7.09%～37.45%的变化范围内,最大压力上升速率从 24.49 MPa/s 至 87.65 MPa/s 变化不等。

表 5-4   不同挥发分煤尘云最大爆炸压力及最大压力上升速率

煤样编号	挥发分 V_{ad}/%	浓度/(g/m³)	最大爆炸压力/MPa	最大压力上升速率/(MPa/s)
1	7.09	300	0.582	34.81
2	13.76	300	0.566	34.81
3	15.90	500	0.555	24.49
4	22.13	450	0.568	27.07
5	27.62	120	0.615	54.14
6	35.95	250	0.595	54.14
7	37.45	250	0.600	87.65

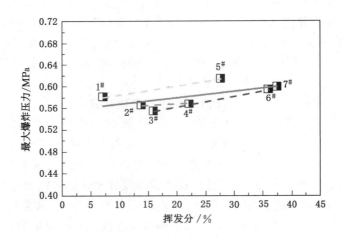

图 5-15   挥发分与煤尘云最大爆炸压力的关系

三、煤尘云最低着火温度测试研究

煤尘云最低着火温度是指在煤尘云(煤尘和空气的混合物)受热时,使煤尘云发生可自持的火焰传播的最低热表面温度。煤尘云最低着火温度是进行防爆电气设备选型、控制发热设备表面温度的重要依据。本实验采用依据《粉尘云最低着火温度测定方法》(GB/T 16429—1996)建立的粉尘云最低着火温度测试系统来进行,该系统主要包括加热炉和温度控制系统两部分,如图 5-17

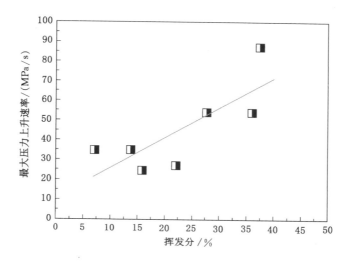

图 5-16　挥发分与煤尘云最大压力上升速率的关系

所示,通过研究得出了喷尘压力、煤尘质量以及挥发分对煤尘云最低着火温度的影响规律。

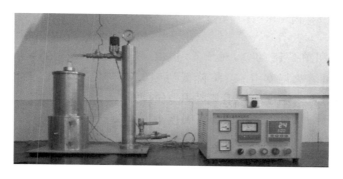

图 5-17　粉尘云最低着火温度测试系统

（一）喷尘压力对煤尘云最低着火温度的影响

为了考察喷尘压力对煤尘云最低着火温度的影响规律,对 5$^{\#}$ 煤尘在不同喷尘压力下的最低着火温度进行了实验测试。测试所用 5$^{\#}$ 煤尘直径≤75 μm,煤粉质量为 0.3 g,环境温度为 27 ℃,环境湿度为 57%。不同喷尘压力下 5$^{\#}$ 煤尘云最低着火温度的测试结果如表 5-5 所列,喷尘压力对煤尘云最低着火温度的影响如图 5-18 所示。

表 5-5　不同喷尘压力下 5$^{\#}$ 煤尘云最低着火温度

喷尘压力/kPa	20	30	40	50	80	100
煤尘云最低着火温度/℃	650	610	650	660	670	690

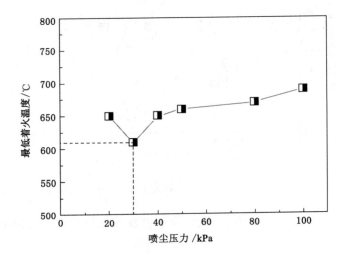

图 5-18　不同喷尘压力下 5$^{\#}$ 煤尘云最低着火温度

　　由表 5-5 和图 5-18 可知,对于 5$^{\#}$ 煤尘,喷尘压力从 20 kPa 增加到 30 kPa 时,煤尘云最低着火温度由 650 ℃降低到 610 ℃,降低了 40 ℃;继续增加喷尘压力,煤尘云最低着火温度会随着喷尘压力的增加而升高,当喷尘压力从 35 kPa 增加到 100 kPa 时,煤尘云最低着火温度由 610 ℃升高到 690 ℃。

　　从实验结果可以看出,当煤尘质量一定时,存在一个最佳喷尘压力,在这个喷尘压力下形成的煤尘云会以最适当的沉降速度下沉,在最佳的氧气浓度环境中着火燃烧,此时煤尘云的最低着火温度会低于其他喷尘压力条件下的最低着火温度。喷尘压力对煤尘云着火温度的影响主要有两个方面:一是加速煤尘的流速,缩短煤尘粒子在炉内加热区的滞留时间,影响燃烧反应时间;二是增加新鲜气流的进入,从而增加了氧气的浓度,促进煤尘的燃烧。另外,如果喷尘压力过小,将会造成喷尘不完全,甚至无法形成煤尘云的情况。

　　(二)煤尘质量对煤尘云最低着火温度的影响

　　为了考察煤尘质量对煤尘云最低着火温度的影响规律,同样对 5$^{\#}$ 煤尘在不同质量下的最低着火温度进行了实验测试。测试所用 5$^{\#}$ 煤粉直径≤75 μm,喷粉压力为 30 kPa,环境温度为 27 ℃,环境湿度为 57%。不同质量下 5$^{\#}$ 煤尘云最低着火温度的测试结果如表 5-6 所列,煤尘质量对煤尘云最低着火温度的影响如图 5-19 所示。

表 5-6 不同质量下 5# 煤尘云最低着火温度

煤尘质量/g	0.10	0.20	0.50	1.00	1.50	2.00
煤尘云最低着火温度/℃	670	630	570	550	560	580

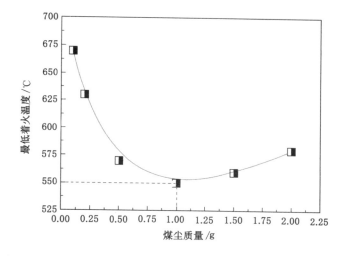

图 5-19 不同质量下 5# 煤尘云最低着火温度

由表 5-6 和图 5-19 可知,对于 5# 煤粉,其质量由 0.10 g 变化到 1.00 g 时,煤尘云最低着火温度由 670 ℃ 降低到 550 ℃;当其质量从 1.00 g 升高到 2.00 g 时,煤尘云最低着火温度由 550 ℃ 升高到 580 ℃。随着煤尘质量的增加,煤尘云最低着火温度逐渐降低,当质量增加到一定值时,煤尘云最低着火温度将不再降低。当煤尘质量继续增加时,煤尘云最低着火温度开始逐渐上升,但上升幅度不大。

(三)挥发分对煤尘云着火温度的影响分析

从煤的燃烧过程中可以看出,由于煤受热后挥发分首先逸出并包裹在煤尘颗粒周围,在高温作用下挥发分中的可燃气体被点燃,产生的热量传递给周围煤尘颗粒,使燃烧过程持续进行,所以挥发分是影响煤尘云最低着火温度的主要因素。

对不同挥发分煤尘云的最低着火温度进行了测试,所得结果如表 5-7 所列。根据所得数据,将煤尘云最低着火温度与挥发分含量的关系拟合成曲线,如图 5-20 所示。

表 5-7　不同挥发分煤尘云的最低着火温度

煤样编号	挥发分 V_{ad}/%	最低着火温度/℃
1	7.09	730
2	13.76	700
3	15.90	720
4	22.13	620
5	27.62	550
6	35.95	580
7	37.45	580

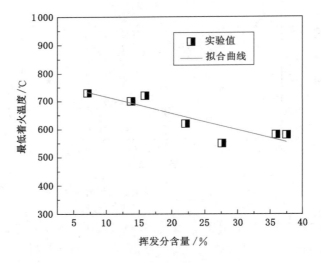

图 5-20　煤尘云最低着火温度与挥发分含量关系图

从表 5-7 和图 5-20 可以看出,煤尘云最低着火温度总体随煤挥发分含量的增加呈下降趋势。煤样的挥发分含量在 7% 左右时,煤尘云最低着火温度超过了 730 ℃;煤样的挥发分含量升高到 35% 左右时,煤尘云最低着火温度下降到了 580 ℃。而结果中,3# 煤样挥发分含量高于 2# 煤样,但其煤尘云最低着火温度却高于 2# 煤样。这说明,煤尘云最低着火温度可能受煤内无机矿物质成分(如灰分、水分)等影响。通过查看两种煤样的工业分析参数,发现 3# 煤样的灰分含量要高于 2# 煤样。但由于煤本身成分的复杂性,灰分含量也只是上述现象出现的影响因素之一。所以,挥发分含量对煤尘云最低着火温度的影响只表现在总体趋势上的线性关系,并不能严格据其判断相邻挥发分含量煤样最低着火温度的大小关系。

另外我们还可以看出,煤尘的挥发分含量越低,着火温度就越高,越难着火。这是由于挥发分含量低的煤尘颗粒在受热时析出的可燃气体少,在高温下所吸收的能量不足以维持链反应的进行,反应放出的热量也不能有效地传递给周围的煤尘颗粒,致使燃烧过程不能持续地进行,进而形成爆炸。

四、煤尘层最低着火温度测试研究

实验采用依据《粉尘层最低着火温度测定方法》(GB/T 16430—2018)建立的粉尘层最低着火温度测试系统来进行,如图 5-21 所示。

图 5-21　粉尘层最低着火温度测定系统

（一）煤尘层着火状态分析

通过研究发现,煤尘层在高温热表面受热过程中会呈现不同的状态,从开始的无明显变化,起始时会有烟雾冒出,然后煤尘层表面逐步干裂,最终会有明显的火星产生,如图 5-22 所示。由煤的热解理论可知,在隔绝空气条件下,室温～300 ℃时,称为干燥脱气阶段,煤尘析出的气体主要有 CO_2、CO、CH_4 等,煤的结构基本不变;350～550 ℃时,主要以解聚和分解为主,是煤黏结成焦的主要阶段。因此,煤尘层受热着火过程中的冒烟现象和干裂现象主要是煤的热解造成的。

不同挥发分的煤尘,其着火状态存在一定差异。高挥发分含量的煤尘在加热 2～3 min 左右时,开始明显冒烟,经过一定时间后冒烟现象逐渐消失,煤尘层表面干裂,并且局部位置有火星存在。随着挥发分含量的降低,加热中冒烟、干裂现象变得不明显,但在加热一定时间后也会有火星出现。

在进行 5 mm 厚的煤尘层着火温度实验时,发现随着煤尘挥发分含量的不同,煤尘层着火的判断准则存在很大差异。

挥发分含量较高(＞35％)的煤尘在较低温度便出现着火现象,肉眼很容

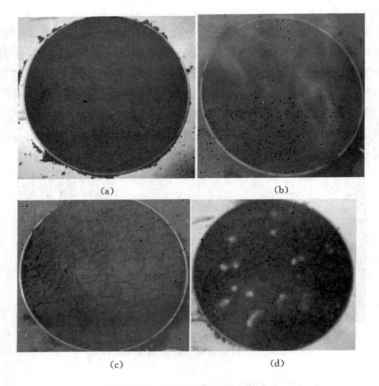

图 5-22　煤尘层表面着火状态

(a) 无明显变化；(b) 冒烟现象；(c) 干裂现象；(d) 着火现象

易观察到火星的出现，温度曲线波动剧烈，如图 5-23(a)所示。这是因为，高挥发分含量的煤尘，在受热过程中很容易出现着火，由于煤尘层相对较薄，表面散热较快，火星在燃烧一段时间后很快熄灭，同时煤尘层的其他区域又会由于温度积聚而被点燃，出现火星，温度又会有所升高。这样依次进行，使得位于中心点附近的热电偶所探测到的温度出现明显的波动。而挥发分含量小于15％的煤尘，由于不容易被点燃，在煤尘层表面很难观察到明显的着火现象，在恒温热板加热过程中，煤尘层持续受热，温度逐步增加，则需要通过煤尘层内部温度是否达到 450 ℃ 来判断其是否着火，如图 5-23(b)所示。当挥发分含量处于两者之间时，则多通过 GB/T 16430—2018 第 6.3.4 条规定的几种准则来综合判断是否着火。

（二）挥发分含量对煤尘层最低着火温度的影响分析

利用粉尘层最低着火温度测试系统对 7 种不同挥发分煤样的煤尘层最低着火温度进行了测试，所得结果如表 5-8 所列。

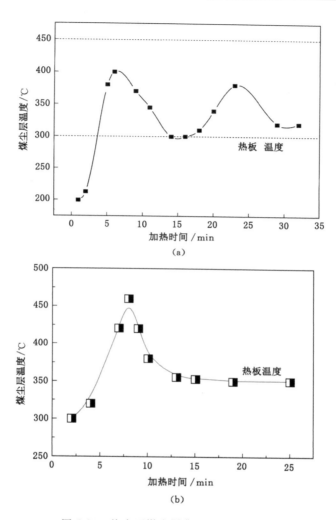

图 5-23　热表面煤尘层典型温度-时间曲线

（a）挥发分含量为 35.95％；（b）挥发分含量为 13.36％

表 5-8　不同挥发分煤尘层最低着火温度

煤样编号	挥发分 V_{ad}/％	最低着火温度/℃
1	7.09	370
2	13.76	350
3	15.90	390

表 5-8(续)

煤样编号	挥发分 $V_{ad}/\%$	最低着火温度/℃
4	22.13	350
5	27.62	340
6	35.95	300
7	37.45	270

将表 5-8 数据绘制成图,见图 5-24。从表 5-8 和图 5-24 可以看出,煤尘层最低着火温度随挥发分含量增加总体呈下降的趋势。当挥发分含量从 7.09% 升高到 37.45% 时,煤尘层最低着火温度从 370 ℃ 降低到 280 ℃,可见其影响非常明显。

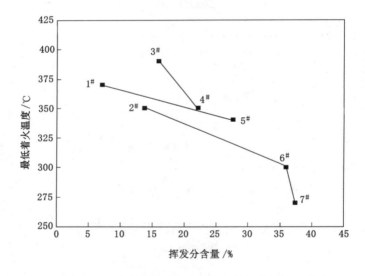

图 5-24 煤尘层最低着火温度与挥发分含量的关系

各煤样的组成差异较大,特别是挥发分和灰分的含量并不是严格按照单调递增的规律变化。按照近似的灰分比例,可以将测试煤样分为 3 组:3# 和 4# 煤样一组,该组为高灰分(灰分含量≥40%)煤样;1# 和 5# 煤样一组,该组为低灰分(灰分含量≤10%)煤样;2#、6# 和 7# 煤样一组,该组灰分含量在 18%±5% 范围内,相对于另两组煤尘为中等灰分煤样。从图 5-24 可以看出,在灰分含量相当的情况下,煤尘层最低着火温度随挥发分含量增加呈现严格递减的变化趋势。

这是因为煤的燃烧通常首先是水分的脱除,紧接着挥发分逸出,挥发分可以在煤粉颗粒表面进行均相燃烧,而挥发分与空气的混合物的着火温度很低,在高温下将先于焦炭着火,产生的热量传递给周围的煤粉颗粒,提高了焦炭的温度,为其着火燃烧提供了有利条件,而焦炭内部又将形成众多空洞,从而进一步增加了焦炭反应的总面积;同时煤的干燥无灰基挥发分含量越高,煤的煤化程度越低,煤质越软,含有的腐殖质越多,越容易燃烧,因此其着火温度就越低。但由于煤本身成分的复杂性,挥发分对煤尘层最低着火温度的影响只表现在总体趋势上,并不能严格据其判断相邻挥发分含量煤样最低着火温度的大小关系。

(三)不同厚度煤尘层的最低着火温度

根据热爆炸理论,对于某一给定的系统,粉尘热自燃或热爆炸的判别条件如下:

$$\delta \geqslant \delta_{cr} \tag{5-1}$$

式中"＞"表示爆炸(或起火)不可避免,"＝"表示临界情况;δ_{cr} 为理论研究中得到的一个常数,是一个判据,一般情况下,它仅是系统的几何形状、边界条件的函数,当将实验结果外推应用到工业上时,δ_{cr} 有 10% 的误差,只会引起临界尺寸约 5% 或临界温度 1 K 的误差,这对于工业应用已足够精确,对于圆柱形反应物通常取 2,而不再进行修正;δ 称为 Frank-Kamenetskii 参数,是给定系统的示性参数,对于固体反应物,其定义式为:

$$\delta = \frac{a_0^2 Q E \sigma A \exp[-E/(RT_a)]}{K R T_a^2} \tag{5-2}$$

式中,Q 为反应产生的热量,J;E 为反应活化能,kJ/mol;A 为指前因子;R 为气体常数,8.314 J/(mol·K);K 为反应速率常数;a_0 为特征尺寸,m;T_a 为环境温度,K;σ 为反应物质的密度,kg/m³。

在临界条件($\delta = \delta_{cr}$)时,特征尺寸 a_0 和热板临界温度 $T_{a,cr}$ 之间的关系可由式(5-2)两边取对数得到:

$$\ln(\delta_{cr} T_{a,cr}^2 / a_0^2) = M - N/T_{a,cr} \quad (0 < a_0 \leqslant 0.01) \tag{5-3}$$
$$R^2 = 0.961$$

式中,$M = \ln[Q c_0^n A E/(kR)]$,$N = E/R$。

M 和 N 是由反应物的物理和化学性质决定的量,是反应物的特性常数。从式(5-3)可以看出,$\ln(\delta_{cr} T_{a,cr}^2 / a_0^2)$ 和 $T_{a,cr}^{-1}$ 呈线性关系,只要在实验室中测出煤尘的这条直线,即可得到该种煤尘的特性常数 M 和 N。

针对 7# 高挥发分的煤尘,测得厚度为 $2a_0$ 时的临界热板温度,即不同厚度煤尘层的最低着火温度,结果如表 5-9 所列。将实验结果代入式(5-3),可得到 $\ln(\delta_{cr} T_{a,cr}^2 / a_0^2)$ 及 $T_{a,cr}^{-1}$ 的值分别为 25.31、23.88、23.40、23.00 及 1.81×10^{-3}、

1.84×10^{-3}、1.88×10^{-3}、1.91×10^{-3}，从而可得 M 和 N 分别为 63.548 和 21 329。因此，可以根据式（5-3）来计算不同厚度煤尘层的最低着火温度理论值。

表 5-9　不同厚度煤尘层的最低着火温度

序号	热板厚度 $2a_0$/m	最低着火温度 $T_{a,cr}$/℃
1	5×10^{-3}	280
2	10×10^{-3}	270
3	12.5×10^{-3}	260
4	15×10^{-3}	250

第三节　瓦斯煤尘共存爆炸极限变化规律

一、不同状态下瓦斯爆炸极限研究

浓度在瓦斯爆炸下限以上，单纯的瓦斯就有可能发生爆炸，因此，在研究瓦斯浓度对煤尘爆炸下限的影响时，瓦斯浓度应控制在相同工况条件的爆炸下限浓度以下。这就需要首先考察相同实验工况条件下的瓦斯爆炸极限值。

（一）静止状态下的瓦斯爆炸极限

常温常压条件下，运用 20 L 爆炸特性测试系统对静止条件下的瓦斯爆炸极限进行测试，在进行可燃气体爆炸特性实验时，因可燃气体点火能量较低，一般选用 10 J 的点火源。表 5-10 给出不同浓度下的瓦斯爆炸压力，相应的瓦斯爆炸压力随浓度变化趋势如图 5-25 所示。

表 5-10　瓦斯爆炸极限浓度附近的爆炸压力

序号	爆炸下限		爆炸上限	
	瓦斯浓度/%	爆炸压力/MPa	瓦斯浓度/%	爆炸压力/MPa
1	4.72	0.010	13.67	0.309
2	4.78	0.023	14.93	0.215
3	4.83	0.070	15.11	0.127
4	4.93	0.141	15.48	0.119
5	5.10	0.205	16.38	0.075
6	5.20	0.245	17.20	0.029

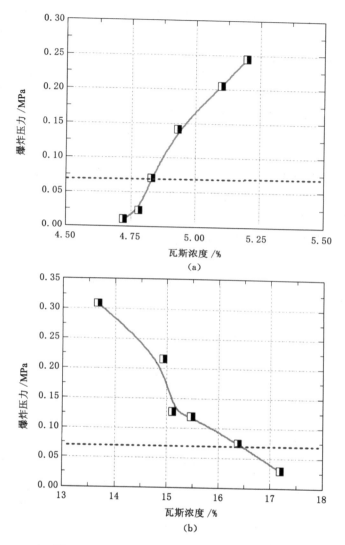

图 5-25　瓦斯爆炸极限浓度附近爆炸压力变化
（a）爆炸下限；（b）爆炸上限

　　判断瓦斯是否发生爆炸的准则参考欧洲标准和美国标准材料实验协会
（ASTM）的规定，即将点火后压力升高 7％ 或以上作为发生爆炸的判断依据。
参照《空气中可燃气体爆炸极限测定方法》（GB/T 12474—2008），利用渐近法测
试瓦斯在空气中的爆炸极限。如果瓦斯-空气混合气体发生爆炸，则升高瓦斯浓
度（瓦斯爆炸上限实验）或降低瓦斯浓度（瓦斯爆炸下限实验），直至瓦斯不再发

生爆炸。对一定浓度的瓦斯气体,如果在同样条件下进行 3 次实验均未爆炸,则认为该浓度下瓦斯气体不爆炸,该浓度即为爆炸上(下)限;如果有 1 次实验结果为爆炸,则认为该浓度下瓦斯气体爆炸。

如图 5-25 所示,在瓦斯爆炸下限附近,瓦斯爆炸后的压力随瓦斯浓度的增加呈上升趋势,而在瓦斯爆炸上限附近,瓦斯爆炸后的压力随瓦斯浓度的增加呈下降趋势。依据爆炸极限判断依据,可以判断 20 L 近球形爆炸罐内瓦斯爆炸下限为 4.83%,对应的爆炸上限为 16.40%。

(二)湍流状态下的瓦斯爆炸极限

在 20 L 爆炸特性测试系统内,煤尘云的形成要用高压气流将粉尘仓内的煤尘喷入爆炸罐体内,而此时系统内爆炸前气体状态会由静止状态变为湍流状态。为此,模拟了粉尘爆炸特性实验时的湍流状态,在常温常压条件下,对 2.0 MPa 喷气压力下的瓦斯爆炸极限进行了测试,不同浓度下瓦斯爆炸压力如表 5-11 所列,瓦斯爆炸压力随浓度的变化趋势如图 5-26 所示。

表 5-11 湍流条件下爆炸极限浓度附近瓦斯的爆炸压力

序号	爆炸下限		爆炸上限	
	瓦斯浓度/%	爆炸压力/MPa	瓦斯浓度/%	爆炸压力/MPa
1	3.67	0.018	12.74	0.602
2	4.90	0.019	14.44	0.595
3	5.00	0.019	15.70	0.557
4	5.13	0.405	15.80	0.018
5	5.43	0.425	15.98	0.015

如表 5-11 所列,在瓦斯爆炸下限附近,随着瓦斯浓度的增大瓦斯爆炸后的压力呈上升趋势,而在瓦斯爆炸上限附近,随着瓦斯浓度的增加瓦斯爆炸后的压力呈下降趋势。依据爆炸极限判断依据,可以判断 20 L 近球形爆炸罐内瓦斯爆炸下限为 5.11%,对应的瓦斯爆炸上限为 15.80%。

需要指出,相对于静止状态的气体爆炸,点火前气体状态为湍流的情况下瓦斯爆炸极限范围相对缩小,对应极限点附近的爆炸压力相差明显,出现明显判断的"爆炸"与"不爆炸"现象。原因是点火前存在较大的湍流流动不利于瓦斯气体点火发展为爆炸,而一旦发生了爆炸,相应的湍流过程则会促进化学反应的进行,总体体现为湍流对点火的"不利"性和对爆炸的"促进"性两个方面。另外,湍流条件下还可能造成爆炸性气体混合不均匀的情况,影响点火后爆炸的发展。

(三)高点火能量条件下的瓦斯爆炸下限

在进行煤尘爆炸极限影响实验时,依据《粉尘云爆炸下限浓度测定方法》

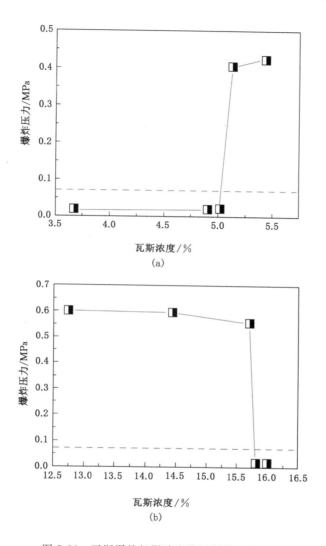

图 5-26　瓦斯爆炸极限浓度附近爆炸压力变化

（a）爆炸下限；（b）爆炸上限

（GB/T 16425—2018），所用点火源为 10 kJ 化学点火药头，这时纯瓦斯爆炸的下限浓度会发生明显变化，因此，在点火能量为 10 kJ 条件下，对瓦斯爆炸压力变化情况进行了测试研究，结果如图 5-27 所示。

参考粉尘爆炸下限浓度的判定准则，静止和湍流状态下瓦斯的爆炸下限分别为 2.15％和 1.94％，湍流状态的爆炸极限数值略小于静止状态。

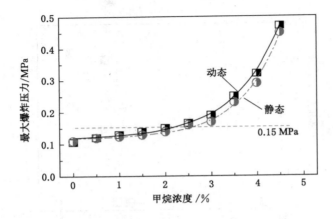

图 5-27　不同状态下瓦斯爆炸压力变化规律

　　工程应用中常采用 5.0％作为瓦斯的爆炸下限，而实验所测数值远远低于经验数值，原因主要在于：采用了粉尘爆炸特性实验所用的高能量点火药头，点火能量高达 10 kJ，是普通可燃气体 10 J 电点火能量的 1 000 倍，并且在点火药头燃烧过程中有大范围的火焰出现，使得低浓度瓦斯气体更容易着火；湍流效应致使更低浓度的瓦斯空气混合气体发生爆炸。

　　该结果也为煤矿安全生产过程提供了重要的参考。一般情况下，认为井下瓦斯浓度低于 5.0％时，不会发生瓦斯爆炸。但通过实验可以看出，对于高能量的引火源来说，5.0％的瓦斯气体浓度已远远超过发生爆炸的最低瓦斯浓度，对应的爆炸压力已非常大，也会造成巨大的破坏效应。

二、瓦斯对煤尘爆炸下限的影响研究

　　常温常压条件下，对低浓度瓦斯（甲烷浓度为 0、0.40％、0.60％、1.00％、1.30％、1.60％、2.00％）参与条件下的煤尘爆炸下限浓度进行了测试，以 2#、4# 和 7# 三种煤尘作为实验煤尘，它们的空气干燥基挥发分分别为 13.76％、22.13％、37.45％，所得实验结果如表 5-12 和图 5-28 所示，瓦斯浓度对煤尘爆炸下限的影响情况如图 5-29 所示。

　　从图 5-28 可以看出，在同组实验中，随着煤尘浓度的增大，煤尘爆炸压力增加，对应浓度的煤尘云从不满足爆炸判定准则（$p_{max}=0.15$ MPa）逐渐过渡为满足爆炸判定准则，煤尘云发生爆炸，而相应的曲线与爆炸判定线的交点处的横坐标值则认为是该工况条件下的煤尘爆炸下限浓度，如图中标注"最小爆炸浓度"所示。在同种煤尘的实验中，随着混入瓦斯气体浓度的增加，煤尘爆炸下限浓度降低。

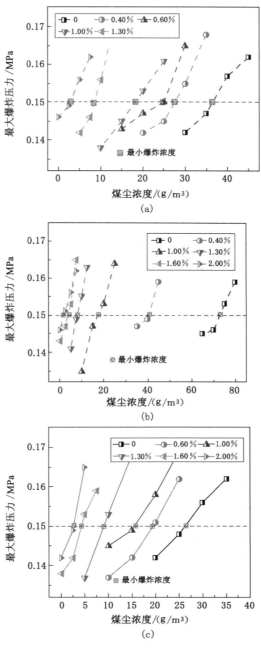

图 5-28　爆炸压力随煤尘浓度变化情况

(a) 2#；(b) 4#；(c) 7#

表 5-12　不同浓度瓦斯参与时的煤尘爆炸下限浓度

甲烷浓度/%	煤尘爆炸下限浓度/(g/m³)		
	2#鹤壁	4#淮南	7#兖州
0.00	37.78	73.20	28.40
0.40	27.18	42.90	—
0.60	24.80	—	19.60
1.00	21.70	20.10	16.20
1.30	8.43	7.43	10.27
1.60	—	3.17	5.43
2.00	—	2.51	2.47

　　图 5-29 给出了以上三组实验数据变化情况及拟合情况,可以看出 4# 煤尘完全遵照指数函数的基本规律变化(爆炸下限随瓦斯浓度的增加先快速衰减,再缓慢衰减),而 2# 煤尘和 7# 煤尘虽与 4# 煤尘的变化情况类似,相应的指数函数变化规律并不明显,但按照拟合函数给出的拟合公式的相关性参数 R^2 也高达 0.985,也可以近似认为遵循指数函数的变化规律。

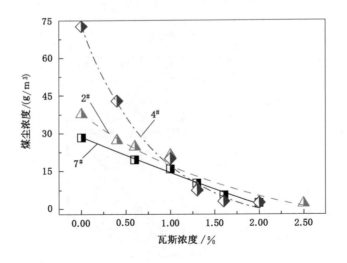

图 5-29　瓦斯浓度对煤尘爆炸下限的影响规律

　　从表 5-12 和图 5-29 还可以看出,在没有瓦斯参与条件下(瓦斯浓度为 0),三种煤尘的爆炸下限浓度分别为 37.78 g/m³、73.20 g/m³ 和 28.40 g/m³,煤尘爆炸下限浓度差异较大；而在少量瓦斯气体参与爆炸的情况下，对应的煤尘爆炸下限浓度分别变为 27.18 g/m³（瓦斯浓度为 0.40%）、42.90 g/m³（瓦斯浓度为 0.40%）和 19.60 g/m³（瓦斯浓度为 0.60%），仍具有十分明显的差异性。在此种情况下，随着瓦斯浓度的增加，煤尘爆炸下限数值降低，在较低瓦斯浓度（瓦斯浓度在 0～1.00% 范围内）时，煤质组成成分对爆炸极限影响较大，相应的瓦斯和煤尘共存的爆炸复合体系表现为"强煤尘"性。

当瓦斯浓度较大（瓦斯浓度 >1.50%）时，煤尘爆炸下限浓度接近于"零"（小于 5.00 g/m³），即使实验中使用很少的煤尘量也可能发生爆炸。根据上述实验结果，在有瓦斯参与爆炸的情况下，一旦瓦斯浓度超过该区间（1.00% 至瓦斯爆炸下限范围内），虽然对应工况的煤尘爆炸下限继续降低，但是煤种对爆炸下限浓度的影响已经很小，煤质成分对煤尘爆炸下限的影响不再明显，相应的瓦斯煤尘共存的复合爆炸体系表现为"强瓦斯"性。

三、煤尘对瓦斯爆炸极限的影响研究

在不同浓度煤尘参与的情况下，瓦斯爆炸极限会发生变化。通过 20 L 爆炸特性测试系统研究煤尘浓度对瓦斯爆炸极限的影响。实验过程中，点火能量为 10 J；所选煤尘的挥发分含量（V_{ad}）为 37.45%；煤尘浓度为 10 g/m³、20 g/m³、30 g/m³、50 g/m³、80 g/m³ 和 100 g/m³。

实验中通过调节充入罐体内瓦斯的浓度，测量不同浓度煤尘参与条件下的瓦斯爆炸压力，从而确定不同浓度煤尘参与情况下的瓦斯爆炸极限。实验所得部分煤尘参与条件下的瓦斯爆炸极限数据如表 5-13 所列，所测得的压力曲线如图 5-30 所示。

表 5-13　不同煤尘浓度下的瓦斯爆炸极限

煤尘浓度/(g/m³)	0	10	20	30	50	80	100
瓦斯爆炸上限/%	15.80	15.40	15.00	14.80	14.50	13.40	12.80
瓦斯爆炸下限/%	5.10	4.90	4.85	4.70	4.30	3.80	3.10

（一）煤尘浓度对瓦斯爆炸上限的影响分析

根据表 5-13 中的数据，将不同浓度煤尘条件下瓦斯爆炸上限绘成曲线并进行拟合，如图 5-31 所示。拟合曲线公式如式（5-4）所示，拟合函数各参数对照值如表 5-14 所列。

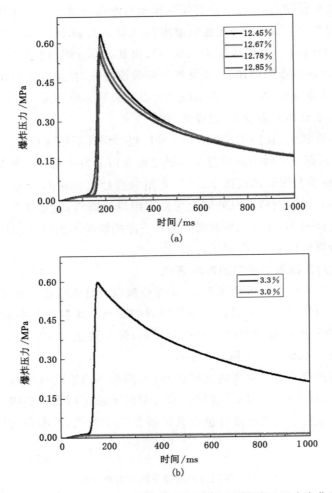

图 5-30　100 g/m³ 煤尘参与条件下瓦斯爆炸极限附近压力变化曲线

(a) 爆炸上限；(b) 爆炸下限

$$y = A_1 \exp(-x/t_1) + y_0 \quad (0 < x \leqslant 100 \text{ g/m}^3) \tag{5-4}$$

表 5-14　拟合函数中各参数对照表

参数	y_0	A_1	t_1	R^2
数值	21.832	-6.0778	-251.15	0.99654

　　从图 5-31 可以看出，在有煤尘参与的条件下，瓦斯的爆炸上限会变得更低，在

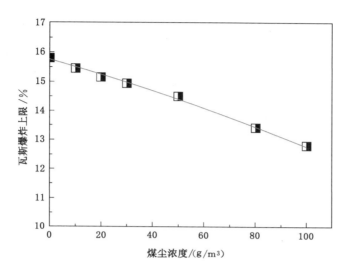

图 5-31　不同煤尘浓度对瓦斯爆炸上限影响曲线图

实验条件下,纯瓦斯的爆炸上限为 15.80%,而随着加入煤尘浓度的增加瓦斯爆炸上限逐渐降低,当加入 100 g/m³ 的煤尘后瓦斯的爆炸上限下降到了 12.80%。

图 5-32 为 12.78% 纯瓦斯爆炸和 12.78% 瓦斯加入 100 g/m³ 煤尘爆炸压力曲线的对比图。从图中可以看出,加入 100 g/m³ 煤尘后,12.78% 瓦斯爆炸压力降低了 0.03 MPa,缓慢氧化阶段从 50 ms 延长至 110 ms,从上述实验结果可以看出,与传统观点相反,煤尘的存在惰化了反应体系,使瓦斯爆炸上限呈现降低的趋势。可燃粉尘的存在不一定会增大可燃气体的爆炸范围,主要原因有以下几方面:

(1)煤尘燃烧爆炸的通常顺序,首先是水分的脱除,紧接着挥发分逸出,挥发分可在浓度、温度适合时发生气体着火,放出大量的热能,并通过热传递加热未反应的煤粒,使燃烧过程急剧地循环进行,在一定临界条件下,系统压力跃升,跳跃式地转变为爆炸。在煤尘受热燃烧的过程中,煤尘分解和挥发分的析出都需要大量的能量,所以点火后初期瓦斯燃烧所释放的能量会被煤尘所吸收,使得能量聚集变慢,缓慢氧化阶段延长。

(2)瓦斯爆炸上限浓度附近属于缺氧环境,燃料充足而氧气缺乏。煤尘中的固定碳以及析出的可燃气体燃烧都会消耗氧气,使得反应更加不充分,环境中的氧气更加匮乏。在爆炸罐体内加入 100 g/m³ 煤尘的情况下,假设煤尘中的固定碳完全燃烧将会消耗 1.68 L 氧气,占罐体内氧气总体积的 47%。氧气含量的减少将会使瓦斯的浓度相对升高。

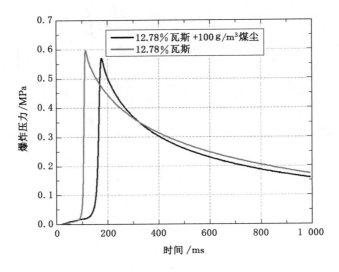

图 5-32　纯瓦斯和瓦斯-煤尘爆炸曲线对比

此外,在氧气缺乏反应不充分的情况下,大量反应产生的 CO_2 将会和固定碳发生还原反应生成 CO,这一反应是吸热反应,会消耗燃烧反应放出的热量,进一步阻碍爆炸的发生。由于爆炸持续的时间很短,加上氧气缺乏燃烧不充分,煤尘爆炸反应时煤尘粒子不会完全燃烧尽,只会有部分挥发分析出,所以产生可燃气体的量也远少于罐体内的瓦斯,其对瓦斯的爆炸极限影响较小。

通过上述分析可知,瓦斯爆炸上限降低最主要的原因是煤尘的加入使得体系内的氧气浓度相对降低,瓦斯浓度相对升高超出爆炸上限。而氧气浓度作为爆炸的三要素,对爆炸极限有着重大的影响。煤尘虽然属于可燃性粉尘,并且在适当的环境条件下也会发生燃烧爆炸,但在点火能量较低不足以点燃煤尘发生爆炸的情况下,在共存体系中对瓦斯爆炸也会有抑制效果。所以,在实验条件下,运用 10 J 化学点火源,瓦斯爆炸上限随着加入煤尘浓度的增大呈下降趋势。

（二）煤尘浓度对瓦斯爆炸下限的影响分析

根据表 5-13 中的数据,将不同浓度煤尘参与条件下的瓦斯爆炸下限绘成曲线并进行拟合,如图 5-33 所示,拟合曲线公式如下:

$$y = A_1 \exp(-x/t_1) + y_0 \quad (0 < x \leqslant 100 \text{ g/m}^3) \tag{5-5}$$

拟合函数各参数对照值如表 5-15 所列。

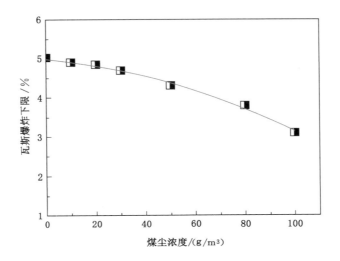

图 5-33 不同煤尘浓度对瓦斯爆炸下限影响曲线图

表 5-15 拟合函数中各参数对照表

参数	y_0	A_1	t_1	R^2
数值	5.687 6	-1.667 9	-74.389	0.992 97

从图 5-33 可以看出,在有煤尘参与的条件下,瓦斯的爆炸下限会变得更低,在实验条件下,纯瓦斯的爆炸下限为 5.10%,而随着煤尘浓度的增加瓦斯爆炸下限逐渐降低,当加入 100 g/m³ 煤尘时瓦斯的爆炸下限下降到了 3.10%。

从实验结果可以看出,随着煤尘浓度的增加瓦斯的爆炸下限呈下降趋势。在爆炸下限浓度附近属于富氧状态,10 J 点火能量虽然不能够点燃煤尘,但在化学点火源附近的煤尘颗粒周围充满了低浓度的瓦斯,点火后瓦斯会首先发生燃烧放出热量,煤尘在高温作用下会析出可燃性气体,使体系内可燃气体的浓度升高,达到爆炸极限浓度发生爆炸。

通过煤的析出气体分析可知,煤尘受热分解析出的气体成分主要为 H_2、CH_4、CO 和其他烃类可燃气体,但由于实验条件的限制,无法测得实验煤样在反应中所释放出的气体成分和含量。结合前人的研究假设煤样受热分解析出气体的成分和含量为 H_2 50%、CH_4 30%、CO 10% 和 C_3H_8 10%,四种气体的相关参数如表 5-16 所列。

表 5-16　四种可燃气体相关参数

气体名称	CH_4	H_2	CO	C_3H_8
爆炸下限/％	4.83	4	12.5	2.1
密度/(g/L)	0.716 7	0.089 9	1.250	1.964

当爆炸罐内加入 10 g/m³ 煤尘和 3％的瓦斯时,点火后瓦斯和煤尘完全反应挥发分完全析出的情况如下:

由于实验煤样的空气干燥基挥发分(V_{ad})为 37.45％,则煤中挥发分所占的质量为:

$$m_V = 0.2 \text{ g} \times 37.45\% = 0.074 \text{ 9 g}$$

根据四种气体在挥发分中所占的比例,通过计算可得 10 g/m³ 煤尘挥发分完全析出时 H_2、CH_4、CO 和 C_3H_8 的体积分别为 0.417 L、0.03 L、0.006 L 和 0.003 8 L。

罐体中 CH_4 的总体积为:

$$0.03 \text{ L} + 3\% \times 20 \text{ L} = 0.63 \text{ L}$$

则爆炸罐体内总共有可燃气体 1.056 8 L,其中 H_2、CH_4、CO 和 C_3H_8 的体积分数分别为 39.46％、59.61％、0.57％和 0.36％。

根据 Le Chatlier 法则计算则有:

$$c_{min} = \frac{100\%}{\dfrac{V_1}{c_1} + \dfrac{V_2}{c_2} + \dfrac{V_3}{c_3} + \dfrac{V_4}{c_4}} = \frac{100\%}{\dfrac{39.46\%}{4\%} + \dfrac{59.61\%}{4.83\%} + \dfrac{0.56\%}{12.5\%} + \dfrac{0.36\%}{2.1\%}} = 4.46\%$$

通过理论计算,混合气体的爆炸下限为 4.46％,此时混合气体在 20 L 罐体内的浓度为 1.056 8 L/20 L×100％＝5.3％,在爆炸极限范围内,也就是说煤尘的加入降低了瓦斯的爆炸下限。

通过上述分析可知,煤尘的存在降低了瓦斯的爆炸下限,随着煤尘浓度的增加,瓦斯的爆炸下限呈下降趋势。而我们也可以从上述推理中得出,随着煤尘浓度的增加,瓦斯爆炸下限不会无限地降低,当瓦斯浓度低到一定范围时,在低点火能量无法点爆共存体系中的煤尘的情况下,瓦斯煤尘共存体系将不会被点爆,无论煤尘浓度的大小。这是由于,随着瓦斯浓度的降低,瓦斯燃烧产生的热量也会降低,煤尘受热析出的可燃气体也会减少。当瓦斯浓度降低到一个值后,瓦斯与煤尘析出的可燃气体燃烧所产生的热量总和将不足以使燃烧急剧地循环下去发生爆炸。

第四节 瓦斯煤尘共存爆炸压力变化规律

一、煤尘对瓦斯爆炸压力的影响研究

为研究煤尘参与情况下瓦斯爆炸压力的变化特性,采用 10 J 的点火能量,运用 20 L 爆炸特性测试系统,通过加入不同浓度的煤尘,测得了不同浓度瓦斯爆炸压力及压力上升速率的变化情况。

为更好地研究煤尘参与情况下的瓦斯爆炸压力特性,选用高挥发分的煤尘来进行实验,所选煤样的工业分析数据如表 5-17 所列。

表 5-17 煤尘工业分析结果

$V_{daf}/\%$	$M_d/\%$	$A_d/\%$	$FC_d/\%$
34.37	10.49	19.28	52.97

爆炸压力是指在爆炸过程中达到的相对于着火时容器中压力的最大过压值。图 5-34 为不同浓度煤尘参与条件下,不同浓度的瓦斯爆炸压力变化情况。从图中可以看出,不同浓度煤尘的参与,使得瓦斯的爆炸压力发生了变化,且瓦斯的浓度不同,煤尘对其爆炸压力的影响效果也不尽相同。

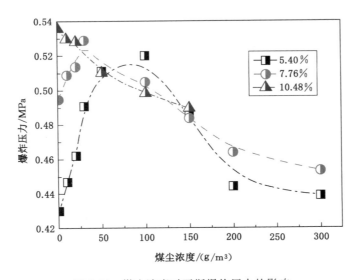

图 5-34 煤尘浓度对瓦斯爆炸压力的影响

当瓦斯浓度为 10.48％时,随着煤尘浓度的增加,瓦斯的爆炸压力呈现出逐

渐减小的趋势,煤尘的参与对瓦斯爆炸具有抑制作用。在10.48%的瓦斯空气混合气体中加入150 g/m³的煤尘,爆炸压力较最初减小了9%;当加入200 g/m³的煤尘时,瓦斯气体反而无法被引爆。众所周知,瓦斯爆炸有一最佳爆炸浓度,比当量浓度略大,约为10.1%。在最佳爆炸浓度时,瓦斯爆炸反应最为完全,所得爆炸压力最大。浓度为10.48%的瓦斯,接近最佳爆炸浓度,瓦斯与氧气基本完全反应,随着煤尘的参与,增加了可燃物质的量,使得助燃物质相对减少,整个气体粉尘爆炸性环境中氧气严重不足,从而使得最终的爆炸压力逐渐减小。随着煤尘浓度的逐步增加,当达到200 g/m³时,在10 J的点火能量条件下,系统反而处于不爆的状态。

当瓦斯浓度为7.76%及5.40%时,随着煤尘浓度的增加,罐体内的爆炸压力均呈现出先增大后减小的趋势。当瓦斯浓度为7.76%,加入30 g/m³的煤尘时,爆炸压力达到最大值,较单纯7.76%瓦斯浓度的爆炸压力增加了7%。随着煤尘浓度进一步增加,爆炸压力逐渐减小,当加入150 g/m³煤尘时,爆炸压力已小于单纯瓦斯气体的爆炸压力。实验过程中,当瓦斯浓度为5.40%,加入100 g/m³的煤尘时,爆炸压力达到最大值,与初始5.40%瓦斯浓度的爆炸压力相比增加了21%。

分析其原因,当瓦斯浓度小于最佳爆炸浓度时,瓦斯与氧气发生彻底的氧化反应后,空间内仍然有氧气剩余,整个爆炸性气体环境处于富氧的状态。加入煤尘后,相当于增加了燃烧物质的量,煤尘与残留的氧气反应使得放热量增加,环境内温度升高,导致压力升高。氧气剩余越多,煤尘对瓦斯爆炸压力的影响也就越明显。当煤尘的浓度超过与氧气发生完全反应所对应的浓度时,煤尘浓度的增加,会导致煤尘吸热量增加,而放热量减少,从而使得整个系统的爆炸压力逐渐减小。在此过程中,煤尘与瓦斯形成了一种竞争关系,两者一起争夺氧气,氧气若处于富余的状态,煤尘的参与会增加爆炸威力;反之,若在氧气不足的情况下,煤尘的参与会使得氧气的消耗加快,且增加散热的速度,减弱爆炸威力。

压力上升速率是指在爆炸过程中测得的爆炸压力随时间变化曲线的最大斜率,其受到化学反应放热速率、气体生成速率以及环境散热等多种因素影响。将不同浓度煤尘参与条件下,不同浓度瓦斯爆炸的压力上升速率绘制成曲线,如图5-35所示。从图5-35可以看出,同爆炸压力的影响规律相似,当瓦斯浓度大于最佳爆炸浓度时,加入煤尘后,瓦斯压力上升速率呈现逐渐降低的趋势;当瓦斯浓度小于最佳爆炸浓度时,煤尘的参与使得瓦斯压力上升速率呈现先增大后降低的趋势。

当瓦斯浓度为10.40%时,煤尘浓度处于较低的情况下,煤尘对瓦斯爆炸压力上升速率的影响并不明显。随着煤尘浓度进一步升高,瓦斯爆炸压

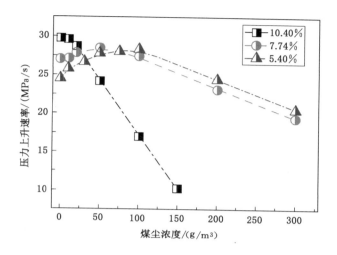

图 5-35　煤尘浓度对瓦斯压力上升速率的影响

力上升速率迅速降低。当煤尘的浓度为 150 g/m³ 时,瓦斯的压力上升速率减小了 65.6%;而当煤尘浓度为 200 g/m³ 时,瓦斯将无法被 10 J 的点火药头引爆。

当瓦斯浓度为 7.74% 和 5.40% 时,随着煤尘浓度的增加,压力上升速率呈现先上升后降低的趋势。浓度为 7.74% 的瓦斯空气混合气体,当罐体内加入浓度为 50 g/m³ 的煤尘时,压力上升速率达到最大值,较纯瓦斯气体的压力上升速率增加了 6.6%;当煤尘浓度进一步升高时,压力上升速率逐渐减小。而瓦斯浓度为 5.40%,加入 100 g/m³ 的煤尘时,压力上升速率达到最大值,较纯瓦斯爆炸时的压力上升速率增加了 15.8%;当煤尘浓度进一步增加时,压力上升速率呈现逐渐降低的趋势。

压力上升速率是反应放热速率和环境散热相互竞争的结果。当瓦斯含量为 10.40% 时,煤尘的浓度增加导致不完全氧化反应加剧,使得放热速率减小,煤尘的吸热速率增加,所以压力上升速率呈现逐渐减小的趋势。当瓦斯含量低于最佳爆炸浓度时,氧气含量充足,当加入少量煤尘,此时罐体内放热速率增加,大于煤尘的吸热速率,压力上升速率增加;当煤尘浓度进一步升高时,完全的氧化反应转化为不完全的氧化反应,煤尘的放热速率减小,吸热速率增加,最后导致压力上升速率减小。

二、瓦斯对煤尘爆炸压力的影响研究

本书运用 20 L 爆炸特性测试系统,在 10 kJ 的点火能量条件下,实验研究了 9.7% 的瓦斯对不同浓度煤尘爆炸压力及压力上升速率的影响规律,实验结果如表 5-18 所列,将实验数据绘成曲线,如图 5-36 和图 5-37 所示。

表 5-18　9.7％的瓦斯对不同浓度煤尘爆炸压力及压力上升速率的影响

序号	瓦斯浓度/％	煤尘浓度/(g/m³)	爆炸压力/MPa	压力上升速率/(MPa/s)
1	9.7	25	0.649	126.32
2	9.7	50	0.702	131.48
3	9.7	100	0.663	97.97
4	9.7	150	0.608	68.32
5	9.7	200	0.588	70.89
6	9.7	250	0.565	51.56
7	9.7	300	0.546	51.56

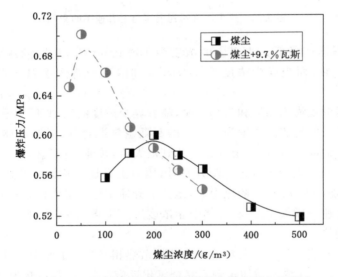

图 5-36　9.7％的瓦斯对不同浓度煤尘爆炸压力的影响

从表 5-18 和图 5-36、图 5-37 可以看出,瓦斯的参与对煤尘爆炸压力及压力上升速率有重要影响。瓦斯的参与改变了不同浓度煤尘的爆炸压力变化规律,使得出现最大爆炸压力及最大压力上升速率的浓度比单纯煤尘爆炸时小得多,且整个系统最大爆炸压力及最大压力上升速率比单纯煤尘爆炸时大得多。这是因为,小于煤尘最佳爆炸浓度时,爆炸系统处于富氧状态,氧气的量充足,加入9.7％的瓦斯后,增加了可燃物质的量,使得爆炸压力及压力上升速率变大,即爆

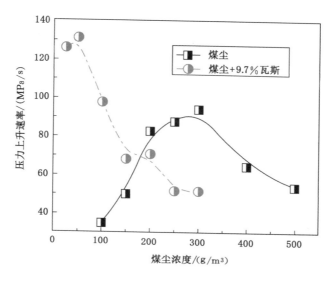

图 5-37 9.7% 的瓦斯对不同浓度煤尘爆炸压力上升速率的影响

炸威力的增加主要是因为增加了可燃物质的量;当煤尘浓度处于最佳爆炸浓度或大于最佳爆炸浓度时,瓦斯的参与使得爆炸系统处于缺氧的状态,氧气严重不足,导致煤尘与瓦斯共同争夺系统中的氧气,发生不完全反应,整个系统的爆炸压力及压力上升速率反而减小。

第五节 瓦斯煤尘共存爆炸机理

一、瓦斯爆炸后气体成分分析

甲烷气体在热分解和氧化过程中,主要产生 CO、H_2 和一些自由基等。在较低温度下甲烷氧化的最简单的反应模式为:

链引发:$CH_4 + O_2 \longrightarrow CH_3 \cdot + HO_2 \cdot$

$\qquad CH_3 \cdot + O_2 \longrightarrow CH_2O + OH \cdot$

$\qquad CH_4 + OH \cdot \longrightarrow CH_3 \cdot + H_2O$

链传递:$CH_2O + OH \cdot \longrightarrow HCO \cdot + H_2O$

$\qquad CH_2O + O_2 \longrightarrow HCO \cdot + HO_2 \cdot$

$\qquad HCO \cdot + O_2 \longrightarrow CO + HO_2 \cdot$

$\qquad HO_2 \cdot + CH_4 \longrightarrow CH_3 \cdot + H_2O_2$

$\qquad HO_2 \cdot + CH_2O \longrightarrow H_2O_2 + HCO \cdot$

$$CH_3 \cdot + O \cdot \longrightarrow CH_2O + H \cdot$$

链终止：$H \cdot + OH \cdot \longrightarrow H_2O$

$$H \cdot \longrightarrow \frac{1}{2}H_2$$

$$OH \cdot \longrightarrow \frac{1}{2}H_2O_2$$

$$HO_2 \cdot \longrightarrow \frac{1}{2}H_2 + O_2$$

$$HO_2 \cdot \longrightarrow \frac{1}{2}H_2O + \frac{3}{4}O_2$$

当反应进入高温阶段时，引用 1970 年 Seery 和 Bowman 提出的甲烷氧化机理描述高温下甲烷氧化的反应模式：

链引发：$CH_4 \longrightarrow CH_3 \cdot + H \cdot$

$$O_2 \longrightarrow 2O \cdot$$

链传递：$CH_4 + O \cdot \longrightarrow CH_3 \cdot + OH \cdot$

$$H \cdot + O_2 \longrightarrow OH \cdot + O \cdot$$

$$H_2 + O \cdot \longrightarrow OH \cdot + H \cdot$$

$$H_2O + O \cdot \longrightarrow 2OH \cdot$$

$$CH_4 + H \cdot \longrightarrow CH_3 \cdot + H_2$$

$$CH_4 + OH \cdot \longrightarrow CH_3 \cdot + H_2O$$

$$CH_3 \cdot + O_2 \longrightarrow CH_2O + OH \cdot$$

$$CH_2O + OH \cdot \longrightarrow HCO \cdot + H_2O$$

$$HCO \cdot \longrightarrow CO + H \cdot$$

$$CO + OH \cdot \longrightarrow CO_2 + H \cdot$$

$$HCO \cdot + OH \cdot \longrightarrow CO + H_2O$$

在高温条件下比低温时 OH 浓度高，链终止的反应步骤中会增加以下基元反应：

$$HCO \cdot + OH \cdot \longrightarrow CO + H_2O$$

$$O \cdot \longrightarrow \frac{1}{2}O_2$$

根据上述甲烷的链式反应过程，可知瓦斯爆炸后的气体主要成分为 CO、CO_2、O_2、H_2 和 N_2。20 L 爆炸特性测试系统内极限浓度范围内瓦斯爆炸后的气体成分及其含量变化如表 5-19 所列。

表 5-19　极限浓度范围内瓦斯爆炸后的气体成分及其含量变化

瓦斯浓度/%	爆炸后的气体组分/%				
	CO	CO_2	H_2	O_2	N_2
6	0.001	6.8	0.035	13.0	78.8
7	0.003	7.7	0.034	12.3	78.3
12	5.400	6.3	0.210	2.3	81.1
13	6.100	5.0	1.838	1.8	78.7
14	7.300	3.5	4.900	1.9	76.5
15	8.800	3.4	5.800	1.5	77.6

二、煤尘爆炸前后气体成分分析

对实验用煤样在 40～260 ℃的析出气体成分进行分析得知,煤受热析出气体的主要成分为 CO、CO_2 和碳氢化合物。煤受热析出气体过程如下:在 120 ℃以前脱去煤中的游离水;120～200 ℃脱去煤所吸附的气体,如 CO、CO_2 和 CH_4 等;在 200 ℃以后,开始分解放出气态产物,主要为 CO、CO_2 等;当温度高于 300 ℃时开始发生热分解反应,这一阶段主要产生 H_2、CH_4 及其同系物,还有少量 CO、CO_2 和其他烷烃类气体等;温度高于 300 ℃时的主要产物为 H_2。

通过分析煤尘析出的这些可燃气体以及固定碳与氧气反应的生成物,推断煤尘爆炸后的主要气固成分包括 CO、CO_2、CH_4、O_2、H_2、N_2 等气体以及固定碳和灰分。在煤尘过量的情况下还会有更多剩余的焦炭,挥发分也不会完全析出。

三、瓦斯煤尘共存时爆炸上限附近气、固成分变化规律

（一）气体成分变化规律

在爆炸上限附近,瓦斯充足,随着煤尘浓度的增加,煤尘受热会挥发出更多的可燃气体,造成氧含量的缺乏,瓦斯和煤尘与氧气反应更加不完全。此时,爆炸后会生产较多的 CO_2 和 CO,CH_4 的含量大大降低。而随着煤尘浓度的增加,煤尘受热会析出更多的 CH_4,所以爆炸后罐体内的 CO 和 CH_4 含量是逐渐增大的。

随着煤尘浓度的增大,氧气的百分比含量呈逐渐减小的趋势,单位体积内煤粉颗粒的增多,会消耗掉更多的氧气,煤中固定碳与氧气反应生成的 CO_2 增多,但由于氧气的不足,CO_2 又会与 C 发生还原反应生成 CO。所以随着煤尘浓度的增加,CO_2 的百分比含量是先增加而后再减少的。

（二）固体成分变化规律

爆炸上限附近与爆炸前相比,挥发分和固定碳含量都会有明显的降低,灰分百分比含量大幅度地增加。爆炸过程中,挥发分和固定碳与氧气反应生成了 CO、CO_2 和 H_2O 等,造成固体成分总质量的降低,而煤中灰分的质量是不变

的,所以灰分的百分比较爆炸前有所增加。但随着煤尘浓度的增加,残留物中的灰分百分比含量是逐渐降低的。在氧含量一定的情况下,煤尘越多,爆炸反应越不完全,因此爆炸后残留物中未反应的固定碳、挥发分增多,造成了灰分百分比含量的降低。

四、瓦斯煤尘共存时爆炸下限附近气、固成分变化规律

(一)气体成分变化规律

在爆炸下限附近,氧气充足,瓦斯会和煤尘充分反应生成 CO_2,与爆炸前相比 CH_4 和 H_2 的含量大大降低。随着煤尘浓度的增加,煤尘受热会挥发出更多的可燃气体,瓦斯与挥发分充分燃烧会产生更多的 CO_2。当煤尘浓度增加到一定程度后,开始发生不充分反应,此时产物中的 CO 将逐渐增多,CO_2 的量也开始呈现减少的趋势。

(二)固体成分变化规律

爆炸下限附近,由于氧气充足,爆炸过程中挥发分和固定碳会完全反应,爆炸后不会有固定碳剩余,所以与爆炸前相比固定碳的百分比含量降低,而灰分的百分比含量增加。随着煤尘浓度增加到一定值,煤尘开始发生不完全反应,爆炸后固定碳的百分比含量开始逐渐增多,灰分的百分比含量开始逐渐减少。

五、瓦斯煤尘着火爆炸模式分析

通过分析可知,煤尘发生链式反应所需的能量要低于甲烷,煤的化学结构中存在较易断裂的化学键,煤尘与甲烷相比更容易发生链式反应。但是由于煤尘分子间的距离远大于气体分子间的距离,链式反应传递所需的能量远大于气体分子,所以煤尘燃爆所需的能量要远高于瓦斯气体。煤尘爆炸下限的实验研究,证明了在本实验条件下 10 J 化学点火源无法点爆实验煤样,而湍流状态下瓦斯的爆炸极限范围为 5.11%～15.8%,所以,爆炸是罐体内的瓦斯首先被点燃而引起的。

从实验数据可知,随着罐体内煤尘浓度的不同,瓦斯的爆炸极限发生了变化,说明煤尘参与了反应并对瓦斯爆炸极限造成了影响。

甲烷燃烧的化学方程式如下:

$$CH_4 + 2O_2 + \frac{2 \times 0.79}{0.21} N_2 = CO_2 + 2H_2O + \frac{2 \times 0.79}{0.21} N_2 \tag{5-6}$$

在 25 ℃、1 atm 条件下,等当量比的甲烷燃烧的反应焓为:

$$\begin{aligned}
\Delta H_r &= \sum H_{生成物} - \sum H_{反应物} \\
&= H^0_{298,CO_2} + H^0_{298,H_2O} - H^0_{298,CH_4} - H^0_{298,O_2} \\
&= -393.5 + 2 \times (-241.8) - (-74.85) - 0 \\
&= -802.25 (kJ/mol) \\
&= 802\,250.0 (J/mol)
\end{aligned}$$

生成焓为：

$$\Delta H_t = \int_{298}^{T} \sum c_{pk} \, dT$$

$$= \int_{298}^{T} \left(c_{p,\mathrm{CO_2}} + 2c_{p,\mathrm{H_2O}} + \frac{2 \times 0.79}{0.21} c_{p,\mathrm{N_2}} \right) dT$$

$$= 292.2T + \frac{1}{2} \times 101.8 \times 10T^2 \bigg|_{298}^{T}$$

$$= 0.050\,9T^2 + 292.2T - 91\,595.7$$

其中，c_p 为比定压热容。各参数值分别为：

$$c_{p,\mathrm{CO_2}} = 26.0 + 43.5 \times 10^{-3} T$$

$$c_{p,\mathrm{H_2O}} = 30.4 + 9.6 \times 10^{-3} T$$

$$c_{p,\mathrm{N_2}} = 27.3 + 5.2 \times 10^{-3} T$$

由：

$$\Delta H = \Delta H_r + \Delta H_t = 0$$

即：

$$0.050\,9T^2 + 292.2T - 91\,595.7 = 802\,250.0$$

则甲烷燃烧的绝热火焰温度为：

$$T = 2\,209 \ \mathrm{K}$$

$$t = 1\,936 \ ℃$$

通过计算可知，甲烷燃烧火焰的绝热火焰温度可达 1 936 ℃。

在甲烷首先被点燃后，在甲烷燃烧释放出的高温作用下，分布在罐体内的煤尘开始发生热解析出挥发分。从煤的析出气体分析可知，煤在高温热解过程中的主要气体产物为 H_2、CH_4、CO 和其他可燃性气体。

通过上述分析，本实验条件下瓦斯煤尘耦合体系的着火模式可归纳为：罐体中心附近的瓦斯在点火后形成大量的自由基，吸收点火源释放出的能量后引发链式反应。自由基是链反应的核心，有强大的化学活性，产生的自由基又与周围的 CH_4 和 O_2 分子发生作用形成更多的自由基，使链式反应急剧地进行下去。在瓦斯燃烧向四周扩散的同时，在已燃区域内分布的煤尘受到高温作用迅速发生热解析出挥发分气体，挥发分气体包裹在煤尘颗粒周围，在高温下吸收热量形成大量的自由基，并引发链式反应。当燃烧传递到焦炭表面后，煤尘颗粒也开始参与反应。以上这种燃烧过程急剧地循环进行下去，自由基数量呈指数增长，反应放出的热量不断累积，在一定临界条件下跳跃式地转变为爆炸。